身心灵魔力书系 —— 特质丛书

幸福

栾 燕／著

人生乐在心相知

人生最幸福的事，莫过于心心相印，相互了解，
亲人、爱人、朋友都如此

中国出版集团 现代出版社

图书在版编目（CIP）数据

幸福:人生乐在心相知 ／ 栾燕著. —北京：现代出版社，2013.11
(2021.3 重印)
（身心灵魔力书系）
ISBN 978 – 7 – 5143 – 1832 – 6

Ⅰ.①幸…　Ⅱ.①栾…　Ⅲ.①幸福 – 青年读物②幸福 – 少年读物
Ⅳ.①B82 – 49

中国版本图书馆 CIP 数据核字（2013）第 273488 号

作　　者	栾　燕
责任编辑	李　鹏
出版发行	现代出版社
通讯地址	北京市安定门外安华里 504 号
邮政编码	100011
电　　话	010 – 64267325 64245264（传真）
网　　址	www.1980xd.com
电子邮箱	xiandai@ cnpitc. com. cn
印　　刷	河北飞鸿印刷有限责任公司
开　　本	700mm × 1000mm　1/16
印　　张	11
版　　次	2013 年 11 月第 1 版　2021 年 3 月第 3 次印刷
书　　号	ISBN 978 – 7 – 5143 – 1832 – 6
定　　价	39.80 元

P前　言
REFACE

为什么当今时代的青少年拥有幸福的生活却依然感到不幸福、不快乐？怎样才能彻底摆脱日复一日地身心疲惫？怎样才能活得更真实快乐？

美国某大学的科研人员进行过一项有趣的心理学实验，名曰"伤痕实验"：每位志愿者都被安排在没有镜子的小房间里，由好莱坞的专业化妆师在其左脸做出一道血肉模糊、触目惊心的伤痕。志愿者被允许用一面小镜子看看化妆的效果后，镜子就被拿走了。

关键的是最后一步，化妆师表示需要在伤痕表面再涂一层粉末，以防止它被不小心擦掉。实际上，化妆师用纸巾偷偷抹掉了化妆的痕迹。对此毫不知情的志愿者被派往各医院的候诊室，他们的任务就是观察人们对其面部伤痕的反应。规定的时间到了，返回的志愿者竟无一例外地叙述了相同的感受——人们对他们比以往粗鲁无理、不友好，而且总是盯着他们的脸看！可实际上，他们的脸上与往常并无二致，什么也没有；他们之所以得出那样的结论，看来是错误的自我认知影响了判断。

这真是一个发人深省的实验。原来，一个人在内心怎样看待自己，在外界就能感受到怎样的眼光。同时，这个实验也从一个侧面验证了一句西方格言："别人是以你看待自己的方式看待你。"不是吗？一个从容的人，感受到的多是平和的眼光；一个自卑的人，感受到的多是歧视的眼光；一个和善的人，感受到的多是友好的眼光；一个叛逆的人，感受到的多是挑衅的眼光……可以说，有什么样的内心世界，就有什么样的外界眼光。

越是在喧嚣和困惑的环境中无所适从，我们就越会觉得快乐和宁静是何等的难能可贵。其实"心安处即自由乡"，善于调节内心是一种拯救自我的能力。当人们能够对自我有清醒认识，对他人能宽容友善，对生活无限热爱的时候，一个拥有强大的心灵力量的你将会更加自信而乐观地面对现实，面向未来。

本丛书将唤起青少年心底的觉察和智慧，给那些浮躁的心清凉解毒，进而帮助青少年创造身心健康的生活，来解除心理问题这一越来越成为影响青少年健康和正常学习、生活、社交的主要障碍。本丛书从心理问题的普遍性着手，分别描述了性格、情绪、压力、意志、人际交往、异常行为等方面容易出现的一些心理问题，并提出了具体实用的应对策略，以帮助青少年朋友科学调适身心，实现心理自助。

C目　录
ONTENTS

幸福——人生乐在心相知

第一章 感受人生的幸福

　　幸福是什么？这个问题见仁见智。幸福没有一个明确的标准，却人人可以感受和品味，幸福是感激，是温暖，是奉献，是宽容，是奉献，让我们苦苦寻觅，又无限向往。其实，幸福只是一种看问题的角度。

　　幸福是寒冷的冬天北风呼啸时心底的春光；是假日里一杯浮晃着淡碧的暖茶；是心存感激、谅解别人后的那善意释然的一个微笑；是远行时亲人的叮咛；是与三两好友在茶肆间爽朗的谈笑；是月华如水的河边恋人的拥抱；是垂暮之时回味的种种坎坷和温情人生。

良好的感受等于幸福

如果再深思,新年愿望全都会聚焦到提升幸福指数上来。

有人开玩笑说,新年愿望就是一月头一周的待办事项,然而不论立意多么良好,大部分的新年愿望很快就会被遗忘,直到来年才会再度被提及。

每个新年到来,我们总热切地期盼能够改善健康、人际、财务和事业,以为只要能做到这些,就能得到幸福。只可惜随着岁月流转,大部分人的生活仍是止步不前,觉得改变实在太困难,只能接受自己的命运。

改变的决心之所以会碰到障碍,是因为我们在下决心时,总有不切实际的想法;认定我们得改变天生的个人缺点,以达到更幸福的境界。其实我们必须先了解幸福是个因果循环的过程,它源自我们的思想、言语和行动,最后呈现在我们的习惯、品性和命运上。一旦了解这个过程的本质,学会适度地改变我们的行为,才能真正地改变自己。

幸福是个内在的过程。

我们常于外在寻找改变,以为这会影响我们的幸福感,实际上,这与研究发现的结果正好相反。第四章我们会谈到,作为更幸福的人会对我们的健康、人际、财务、事业,以及其他各个层面有正面的影响。只要每天汲取适当的精神养分,进行心智锤炼,幸福指数可以逐渐增加,不论你的人生面临什么样的遭遇,你都可以成为幸福的人。

幸福的第一步就是接纳你已然幸福的事实。幸福实际上就像健康一样,人们总说希望自己健康,但其实每个人或多或少都已经算健康。

我们可以设定健身目标,并以量体重、检查体脂比、检测体能等来检视我们的进步程度。

然而幸福却和健康不一样,个人的幸福指数非常主观,许多科学家更喜欢用"主观的幸福"(subjective wellbeing)这个术语来描述幸福。

虽然许多学者想要把幸福量化,但到目前为止,这样的努力还没有结果。经济史学家黛尔德拉·迈克洛斯基（芝加哥伊利诺伊大学经济、历史、英文与传播特聘研究讲座教授）在其发表的文章《幸福主义》中有所解释，他把人们对幸福的感受比喻为对颜色的知觉："不论做多少次脑部扫描，我们都无法得知你对红色的体验是否与我相同。"同理，一个人对幸福的感受永远不会和另一个人的感受相同。

幸福指数非但主观，而且也并非和每个人的人生经验密切关联。

在《路加福音》中，耶稣告诉我们这个幸福之地究竟在哪里，他说："上帝的国就在你们心里。"

在你心中有着更高层次的幸福，我们要一起召唤它。

在经典童话《爱丽丝漫游奇境记》中，爱丽丝与柴郡猫有一段对话。

爱丽斯问："你可以告诉我，我该走哪条路吗？"

"这得看你想往哪里去？"猫回答说。

在思索我们该走哪条路之前，要先确定我们想要到哪里去。如果我们想要幸福，得先思索幸福究竟是什么。

幸福是什么，对此人们有许多臆想和误解。

我读了许多有关幸福的著作，发现对幸福最好的定义，是《今日心理学》上的一篇文章给出的：

幸福是什么？最实用的定义——也是神经学家、精神病专家、行为经济学家、积极心理学家，以及佛教僧侣所共同认定的定义——比较像满足或满意，而非欢天喜地这样的感受。

高兴、欢喜、得意都是人生交响乐的华彩部分，虽然它们很精彩，也应该尽情享受，但若想活在永不止息的兴奋之中，并不切实际。

幸福是海滩，喜悦是浪花；幸福是人生的情感基石，而喜悦则依赖人生中所发生的一切起落涨跌。

许多心理学家相信我们有个幸福的设定点——一个不论我们的生活发生什么，都会回到的幸福原点。

如果在以10为度的量尺上，我们的幸福设定点是六点五，那么在遭遇美好的事情（例如心仪的对象邀我们出游、找到很棒的新工作、发现一家很好的新餐厅）时的兴奋欣喜一过，我们就会回到原先设定的状态。

幸福原点的正负两极都可以正常运作。有些研究人员发现,在创伤事件发生后,大多数人的幸福指数会大幅下降,然而一段时间后,会恢复到原本的水平。

魔力悄悄话

幸福是一种遍布在生命之中——满足和幸福的感受,而喜悦则像五光十色的烟火,迅速地爆炸,然后很快地消失。作家塞林格非常清楚地说明了幸福和喜悦之间的不同,他曾写道:"幸福和喜悦之间最奇特的差异就在于,幸福是固体,而喜悦是液体。"

不要纠结于完美,要会欣赏不完美

每个人都想争取一个完满的人生。然而,无论海内还是海外,自古及今,一个百分之百完美的人生是没有的,正如苏东坡所言的"人有悲欢离合,月有阴晴圆缺,此事古难全。"不完美才是真正的人生。有些人一味追求完美,一生都活在追求中,一生都活在不完美中,最后只能在痛苦中挣扎。

有个叫伊万的青年,读了契诃夫"要是已经活过来的那段人生,只是个草稿,有一次誊写,该有多好"这段话,十分神会,于是他打了份报告递给上帝,请求在他的身上搞个试点。上帝沉默了一会儿,看在契诃夫的名望和伊万的执着的份儿上,决定让伊万在寻找伴侣一事上试一试。到了结婚年龄,伊万碰上了一位绝顶漂亮的姑娘,姑娘也倾心于他。伊万感到很理想,很快结成夫妻。不久,伊万发觉姑娘虽然很漂亮,可她不会说话,办起事来也笨手笨脚,两人心灵无法沟通。于是,他把第一次婚姻作为草稿抹了。

伊万第二次的婚姻对象,除了绝顶漂亮以外,又加上了绝顶能干和绝顶聪明。可是,也没过多久,伊万发现这个女人脾气很坏,个性极强。聪明成了她讽刺伊万的本钱,能干成了她捉弄伊万的手段。在一起他不是她的丈夫,倒像她的牛马、她的器具。伊万无法忍受这种折磨,他祈求上帝,既然人生允许有草稿,请准许有三稿。上帝笑了笑,也允了。

伊万第三次成婚时,他的妻子的优点,又加上了脾气特好这一条,婚后两人恩爱有加,都很满意。半年下来,不料娇妻患上重病,卧床不起,一张病态黄脸很快抹去了年轻和漂亮,能干如水中之月,聪明也毫无用处,只剩下毫无魅力可言的好脾气。

他试探能否再给他一次"草稿"和"誊写"的机会。上帝面有愠色,但想到试点,最后还是宽容他再作修改。

伊万经历了这几次折腾,个性已成熟,交际也老练,最后终于选到了一位年轻漂亮又温柔健康要多好就有多好的"天使"女郎。他满意透了，正想向上帝报告成功，向契诃夫致谢，不想"天使"竟要变卦，她了解了伊万是一个朝三暮四、贪得无厌连病中人也不体恤的浪荡男人，提出要解除婚约。

上帝很为难，但为了确保伊凡的试点，未允。满腹狐疑的伊万，正在人生路上徘徊，忽见前方新树一杆路标，是契诃夫二世写的："完美是种理想，允许你十次修改也不会没有遗憾！"

故事虽然是虚构的，但在生活中的"伊万"却很常见，对自己所拥有的总感到不满意，一次又一次地修改，执着地追求完美的人生，到最后只有满腹的不满与沮丧。

有个人非常幸运地得到一颗硕大而美丽的珍珠，他却觉得遗憾，因为珍珠上面有个小小的斑点。他想，若除去这个斑点，它该是多么完美呀！于是，他刮去了珍珠的一部分表层，但斑点还在；他又狠心刮去一层，但斑点依旧存在。于是他不断地刮下去。最后，斑点没有了，而珍珠也不复存在了。此人于是一病不起，临终前，他无比忏悔地对家人说："当时我若不去计较那个小斑点，现在我手里还会攥着一颗硕大美丽的珍珠啊！"

欲除掉珍珠斑点的那个人一定是最痛苦的人。因为在他的眼中，看到的多是不完美。其实，我们每个人的人生都是一颗美丽的珍珠，只是我们不懂得珍惜，不善于享用，因而错过了好运，也辜负了美丽，因而一次次与机遇擦肩而过，与成功遥遥相望，最终只落得两手空空。

人之所以感到不开心，其中一个关键原因就是他们并不接受自己不完美的人生。"梅须逊雪三分白，雪却输梅一段香。"在这个世界上，人无完人，万事万物也都不存在绝对的完美，我们不必为完美而懊恼，甚至是心灰意冷，错过自己的人生，正是因为不完美，只有一次的人生才显得弥足珍贵。完美只是一种追求，现实生活中完美是不存在的，不圆满才是人生，学会接受不完美，才能得到真正的幸福！

著名导演冯小刚在女儿冯思语18岁的成人礼上讲了这样一段话："亲爱的女儿，现在你要开始接触到真正的人生了，生活有时候并不像你想象的那么公平,世界上没有完美的事物,要学着面对一切真实,接受一些不完美。"

　　人的命运总有否泰变化,岁月有四季更替,走过漫漫长夜,才会见到黎明,饱受疾苦之后,才会拥有快乐,耐过寒冬,才无须蛰伏,落尽寒梅,才能迎来新春。人生不如意事十之八九,人生似崎岖的山路一样,凹凸不平,总有缺憾,这才是人生。

魔力悄悄话

　　能够欣赏残缺的美是一种智慧,接受并承认人生的不完美、自己的不完美,也接受别人的小瑕疵,才能真正地拥有幸福快乐的人生。

本色的人生更美好

世界上没有相同的两片树叶,同样也不会有相同的两个人。但是,在生活中我们往往看到一些人总是喜欢去模仿他人,用别人的眼光和标准来评判自己,失去了自己的本色。事实上,率直和坦诚更让人乐于接受,做作和伪装则会遭人唾弃。保持自己的本色,才不会失去做人的乐趣。因此我们每个人都应该学会保有自己的价值。不要让昨天的黯然成为阻碍你望向前方的障碍,因为生命的价值不依赖于你的过去,也不仰仗其他人,而是取决于你自己和现在。

艾玛·里得太太从小就特别腼腆而敏感。她的身材一直太胖。而她的一张脸使她看起来比实际上还要胖。不幸的是艾玛有一个很保守的母亲,她认为把衣服弄得漂亮是一件很愚蠢的事情。她总是对艾玛说:"宽衣好穿,窄衣易破。"而母亲总照这句话来帮艾玛穿衣服。所以,艾玛从来不和其他的孩子一起做室外活动,甚至不上体育课。她非常害羞,觉得自己和其他的人都"不一样",完全不讨人喜欢。

长大之后,艾玛嫁给一个比她大好几岁的男人。可是她并没有改变。她丈夫一家人都很好,也充满了自信。艾玛尽最大的努力要像他们一样。可是她做不到。他们为了使艾玛能开朗地做每一件事情,都尽量不纠正她的自卑心理。这样反而使她更加退缩。艾玛变得紧张不安,躲开了所有的朋友,情形坏到她甚至怕听到门铃响。

艾玛深知自己是一个失败者,又怕她的丈夫会发现这一点。所以每次他们出现在公共场合的时候,她假装很开心,结果常常做得太过火。事后艾玛会为此难过好几天。最后不开心到使她觉得再活下去也没有什么意思了,艾玛开始想自杀。

直到有一天,婆婆和她谈到她教育子女的经验,她说:"不论遇到什么事，我都坚持让他们保持自我本色……"保持自我本色！这几个字像一道灵光闪过艾玛脑海，她突然发现自己所有不幸的原因了——一切都起源于她把自己套入了一个不属于自己的模式中去了。从此之后，艾玛变了。

她开始保持自我本色，她努力研究自己的个性，认识自己，并找出自己的优点，学着怎样配色与选择衣服样式，以穿出自己的品位。艾玛开始变得开朗起来了，她主动结交朋友，说服自己加入一个团体——开始只是一个小团体。最后她还上台主持活动，尽管心中很害怕，但是每次上台后，她都能得到更大的信心和勇气。艾玛找到了属于自己的真正的快乐。

一个人在茫茫的宇宙中，只是一粒微不足道的尘埃，即便如此也要做一粒独一无二的尘埃，就如同下面故事中的女孩一样。

有一位公共汽车驾驶员的女儿，她做梦都想成为一名歌星，不幸的是，她长得并不好看，嘴巴太大，而且还长着龅牙。她第一次在新泽西的一家夜总会里公开演唱时，一直想用上唇遮住牙齿，她企图让自己看来显得高雅一些，结果却把自己弄得四不像，如果这样下去，那她就注定要失败了。

幸好当晚在座的一位男士认为她很有歌唱的天分，很直率地对她说："我看了你的表演，也看得出来你想掩饰什么，你觉得你的牙齿很难看？"女孩听了觉得很难堪，不过那个人还是继续说下去，"龅牙又怎么样？那又不犯罪！不要试图去掩饰它，张开嘴就唱，你越是不以为然，听众就会越爱你。而且，这些你现在引以为耻的龅牙，将来可能就会给你带来财富！"她接受了这个人的建议，把龅牙的事抛诸脑后。

从那以后，她把注意力集中在观众的身上，并开怀地尽情演唱，后来成为电影和电台中走红的顶尖歌星，她就是凯丝·达莱。到了后来，别的歌星倒想来模仿她了。

每个人都有着区别于他人的天赋，为自己而庆幸吧！善用你的天赋，你的遗传、环境、后天的经验造就你。**成败不在于大小，而在于自己是否已经竭尽全力去做，想要成功，就要发现自我，保持自我的本色，用自己的本色来征服世界，谱写属于自己的人生乐章。**

其实，保持自己的本色非常的简单，只需要展示自己最真实的一面，不做作、不虚伪。但是,真正能够做到的人却少之又少。

保持本色不仅需要强大的自信心,还需要有无畏的勇气。但是,在我们这个求平求稳的社会,要做到这一点恐怕需要更大的勇气。机械化的生产似乎在人的思想上也打下了烙印,我们对幸福与快乐的标准往往与社会上的大多数人趋同,即便这种审视事物的标准并不合理,但我们也常常深陷其中,在意旁人的眼光与看法,唯恐自己成为"异类"。

成功者之所以是少数,是因为很少有人能够在强大的社会压力下坚守自己的思想、自己的本色。

魔力悄悄话

做真正的自己,才能够实现自我的人生价值,才能为自己创造美好的未来。就如同艾玛一样,保持自己的本色,才使她走出了不幸的阴霾,拥抱阳光和快乐。

很多人、事、物不必太执着

有一个即将要出嫁的女儿问母亲,婚后怎么样才能牢牢地抓紧丈夫的心。母亲让女儿抓起一把沙子,满满的一大把。妈妈说:"你试着握紧。"女儿使劲地握紧手,结果她握得越紧,从手指缝里漏出的沙子就越多,最后,留在手里的沙子只有一点点,而且被握成很难看的形状。很多时候,该松手的时候,不妨把手放一放,这样做反而会让你得到意外的收获。

一个人为了一个坚定的信念,用一生去追求,本是一件值得称赞的事情。但是一个人太过执着,反而会适得其反。

有一次,南岳和尚来拜访马祖和尚,问马祖和尚:"马祖大师,你最近在做什么?""我每天都在坐禅。""哦,原来如此!你坐禅的目的是什么?""当然为了成佛呀!"坐禅是为了观照真正的自我,进而悟道成佛,这是很多人对坐禅的看法,马祖和尚也这么认为,因此才常常去坐禅。可是,南岳和尚一听到马祖和尚的话,竟然拿来一枚瓦片,一声不吭地磨了起来,过了许久,觉得不可思议的马祖和尚便开口问他:"你究竟想干什么啊?"南岳和尚平静地回答:"你没有看到我在磨瓦吗?""你磨瓦做什么?""做镜子。""大师,瓦片是没法磨成镜子的。""马祖啊,坐禅也不能成佛的。"

瓦片是不能磨成镜子,南岳和尚用这个道理来告诉马祖和尚,同样的,坐禅也不能成佛。坐禅是修行的一种方法,但是为了悟道成佛而太执着于坐禅的形式,反而会让心灵受到束缚,自然也就不能真正地悟道了。一件事,如果过分地执着其中,反而会离自己想要的生活越来越远。所以不妨放下执著心,去还原生命中的本来面目。

　　大理石雕像大卫像是意大利艺术家米开朗琪罗最伟大的作品。很多人也许并不知道,如果当年在雕像完成以后,不是米开朗琪罗在关键的时候果断地退后一步,相信那个伟大的作品就永远没有了面世的机会。当年,米开朗琪罗刚刚完成了大卫的雕像,主管那次雕刻任务的官员去看大卫像时,深感不满意。"有什么地方不对吗?"米开朗琪罗问。"鼻子太大了。"那位官员说。"是吗?"米开朗琪罗站在雕像前看了看,大叫一声:"可不是吗? 鼻子是大了一点,我马上改。"说着就拿起工具爬上架子,叮叮当当地修饰起来。

　　随着米开朗琪罗的凿刀,掉下好多大理石粉,那官员不得不躲开了。隔一会儿,米开朗琪罗,爬下架子,请那位官员再去检查:"您看,现在可以了吧!"官员看了看,高兴地说:"是啊! 好极了! 这样才对啊!"送走了官员,米开朗琪罗直接到洗手间洗手,原来他刚才只是偷偷抓小块大理石和一把石粉,到上面做做样子。从头到尾,他根本没有改动过原来雕像的一丝一毫。

　　我们不得不佩服米开朗琪罗的聪明机智,当时如果米开朗琪罗不这样做,而是执着于自己的想法,拘泥于形式,不肯在适当的时候,退一步,而跟那位官员争执起来,不愿修改,恐怕就没有这个伟大的作品了。

　　古时候,有一个能征善战的将军非常喜欢古玩。有一天,他在家中把玩最喜欢的瓷杯。突然一不小心,瓷杯溜了手。好在将军身手敏捷,立刻把它接住。不过,他也因此吓出一身冷汗。将军心想:"我统领百万大军,出生入死。从未害怕过。今天为何只为一个小小的瓷杯就吓成如此呢?"一刹那间。他开悟了,原来是他的心"被瓷杯操纵"使他惊吓啊!

　　有一位母亲,总想让自己的独生儿子成为一个最优秀的孩子。为此,她常常对儿子说:要身怀大志,处处做强者。进最好的学校,学多科的知识,争一流的成绩。自小到大一直如此灌输,果然收效明显。儿子非常乖顺听话,小学至初中,综合成绩都是前一二名。可谓品学兼优。

　　然而,进入高中之后,在强手如林的情势下,儿子便显得不那么出类拔萃了,综合成绩总在10名前后徘徊。为此,母亲感到有些失望。她认真帮儿子找教训,一次次地叮咛:"非争一二(名)不可……"可是,儿子不管如何努力,长进却不大。这样,转眼几年过去了,儿子17岁了,到了升大学的时候。

可正当此时,有一天,学校突然打来电话,报告了一个晴天霹雳:儿子不幸自缢身亡!这位母亲顿时蒙了。

后来,她发现了儿子的遗书:"……真没用,争一二不成,升名校无望,……愧对妈妈,没脸见人"看着遗书,直到这时这位用心良苦的母亲才幡然醒悟,原来是自己的执着心害死了儿子。

人们总是有一种追求极致的心态,执着于名校、执着于第一名……因为第一名总是拥有无尽的荣誉,总是备受瞩目。但是过于执着反而会迷失人生的方向,过于拘泥于外表的华丽,反而丧失了自己的本真。其实,人生很简单,尽力而为即可。**生与死,得与失,荣耀与耻辱,成功与失败都不重要,重要的是我们心中的坦然与放松。**

魔力悄悄话

真正的快乐是心灵的快乐,真正的释然是心灵的释然。对事物过于执着,就遮盖了内心原本的自在。当你不再执着于"瓷杯"这样的外物时,你的生命就会开始豁达,心扉也会悄然打开。人生的一些痛苦恰恰源于过于执着。

第二章 是青蛙还是王子

生活中我们常看到的是，身在幸福之中却不自知，失望和遗憾却挥之不去。

对生活充满失望的人，在人海中浮浮沉沉，抱着不切实际的幻想，刻意去追求幸福，收获的却常是失败和忧伤。

当一个人把幸福定位在永远得不到的事物时，最真实的幸福从指缝中悄然溜走了，更多的时候，是人们自己在忽略幸福。

站在释放无限潜能之旅的起点时你就要明白，在内心深处，你已经是一位王子或者公主。

青蛙和王子

人生在世,是为了用这一辈子去体验一些美好的事情,比如幸福,比如快乐,比如曼妙的爱情、健康的体魄、充足的财富还有极致的满足感。可是,为什么你还没有过上自己梦寐以求的生活呢?

想要知道答案的话,就看一眼离你最近的一面镜子吧,你会从中发现自己为什么经历了眼前的这些幸福与不幸、成功与失败、得到与失去。因为,你对镜中人的评价在很大程度上就决定了你生活的质量。如果你改变了对自己的认识,你的生活便几乎立刻会发生相应的改变。

童话故事里是这样讲的。

在很久很久以前,有位英俊的王子,他被狠毒的巫婆变成了一只丑陋的青蛙。除非有一位公主能亲吻这只青蛙,否则巫术就永远无法解除。巫婆心想,这种事情肯定不会发生的。

同样是在这个时候,有位美丽的公主,一直盼望着能嫁给一位英俊的王子,可是这个王子迟迟没有在她的生命中出现。有一天,公主在小湖边的树林里独自散步的时候,看见了住在那里的一只丑陋的青蛙。正当她安静地坐在湖水边,思考自己的处境,盼望着能遇见一位英俊的王子时,那只青蛙跳到了她的身上,开口说话了。

他告诉她说自己实际上是一个英俊的王子,如果她愿意亲他一下,他就会重新变回王子的模样,他会娶她为妻,爱她到永久。

这件事情看起来很荒唐,不过,尽管心里十分不情愿,公主还是鼓足了勇气,吻了青蛙的嘴唇。

正如青蛙说的那样,他立刻变成了一位英俊的王子。王子信守了诺言,迎娶了公主,从此,他们过上了幸福的生活。

幸福——人生乐在心相知

对于你来说,生活中一切皆有可能,而在实现所有可能的事情前,你需要"亲吻"什么样的"青蛙"呢?对于你来说,转变自己,惊艳众人,完全不在话下,可是又有哪些生活中的负面经历需要你坦然接纳,悉心处理,然后借助它们来实现这种转变呢?

人类生活的伟大目标是享受幸福和内心的宁静。每一个正常的人都想体验和享受那些正面的情绪,比如爱、愉悦、满足和充实。

挡在你和非凡人生之间的最大障碍通常都是你对自己和他人的消极心态,这一点也许是在心理学和个人满足感研究方面的最伟大的发现。只有当你学会"亲吻那只青蛙",不断培养这种习惯,寻找与发现每一个人和每一段经历中那些积极的、有价值的方面,你才会释放自己获得成功的无限潜能。

你将学会如何成为一个信心十足的人,从而释放自己的无限潜能,拥有一个非凡的人生。

这些方法和策略对全世界上百万的人都十分有效,相信它们对你也同样适用。现在,就让我们开始吧。

魔力悄悄话

几乎每个人的生活里都有那么一块拦路石,或者不止一块。它挡住了我们前进的道路,使我们无法真正过上幸福、健康、快乐的生活,无法满怀兴奋与期待地盼望着每一个崭新的一天。

关于你的七个真相

你的自然状态应该是快乐、平和、喜悦,对活在这个世上有着无尽的兴奋。你觉得自己很不错,与其他人的关系也很好。你享受自己的工作,能从自己所作出的独特贡献中获得极大的满足感。你的首要目标应该是按照这种方式组织生活,使之成为你大多数时候所感受到的常态。

作为一个机体健全、心智成熟的成年人,你每天所做的一切应该能使你不断发掘自身的潜能。你应该对生命中所有的福佑心怀感恩。如果你觉得不开心,或是对生活中的任何方面不满意,那么肯定是你的想法、感情或行动中的某些地方出了问题,需要予以纠正。

无论你今天在哪儿,无论你过去做过什么或者没做过什么,你得承认,作为一个人,你拥有下面七个最基本的真相。

第一,你是一个十足的好人,一个非常优秀的人,珍贵无价,不可估量。没有人比你更好,没有人比你更有天赋。

只有在你怀疑自己善良的本质和价值时,你才会怀疑自己。生活中大多数不满的根源都在于无法接受你是一个好人这样一个事实。

第二,你很重要,在很多很多方面都很重要。首先,你对自己很重要。你的"宇宙"是在围绕着你一个人不停地旋转。你赋予了你所看到的和听到的一切以意义。在你的世界里,除非有你的赋予,否则一切都毫无意义。

你对你的父母也很重要。你的出生是他们生命中一个意义重大的时刻。随着你长大成人,你所做的每一件事情几乎都对他们充满了意义。

你对你自己的家庭、你的伴侣、你的孩子以及你所在的社交圈子里的其他成员很重要。你的一些言行会对他们产生莫大的影响。

你对你的公司、你的客户、你的同事和你的社区很重要。你做什么或者不做什么都可能对他人的生活和工作产生巨大的影响。

你觉得自己有多重要在很大程度上决定了你生活的质量。快乐而成功的人会觉得自己很重要、很有价值。因为他们这样想，也这样做了，他们就真的成为这样的人。

不快乐而备受挫折的人会觉得自己微不足道、毫无价值。他们充满了挫败感，找不到人生的意义。他们心里想着"我不够好"，于是开始猛烈地抨击社会，做出一些伤害自己和他人的举动。

他们没有意识到自己的内心可以成为一位王子或者一位公主。

第三，你拥有无限的潜能与实力，可以创造你想要的生活和世界。即便能活一百次，你也无法用尽自己所有的潜能。

不管你到现在为止取得了哪些成就，对于你的无限可能性来说，那只是沧海一粟。你越能在当下发掘出自身的天赋与能力，你就越能在未来发挥出更大的潜能。

要想看到巅峰的自己，要想见识自己最大的力量，关键就是要相信自己拥有无限的潜力。

第四，你的思维方式以及信念的深度塑造了你的世界的各个方面。事实上，是你的信念创造了你的现实，而你对自己的每一个信念都是从嗷嗷待哺时起逐渐习得的。神奇的是，大多数干扰你收获幸福和成功的负面或自我限制的信念与怀疑都是没有丝毫事实或现实依据的。

当你开始质疑那些自我限制的信念，逐渐确信真正的自己是那么不可思议的时候，你的生活几乎会立刻开始改变。

第五，你永远都拥有选择思维内容和生活方向的自由。有一件事情你可以完全控制，那就是你的内心体验和你的想法。你可以决定用快乐、满足、令人兴奋的态度去思考，从而带来积极的行动与结果；你也可以因为一时疏忽，选择了消极、自我限制的想法，将自己绊倒，妨碍前行。

一个花园的简单比喻就可以告诉你，为什么那么多的人不快乐，却还不知道自己不快乐的原因是什么。

第六，你来到这个世上有一个重大的使命要完成—你注定要用你的生命诠释精彩。你有着独特的天赋、能力、思维、见解和经历，所有这些的组合打造出一个不同于其他任何生命的你。你为成功而生，为伟大而存。

你对这一点的接受与否在很大程度上决定了你设定目标的大小、你面对困境时继续努力的持久性、你所取得成就的高度以及你整个生活的方向。

第七，你能做什么，你能成为怎样的人，你能拥有什么，这些事情都无可限量,除非你限制住了自己的想法和想象力。你所能面临的最大的敌人就是你自己的怀疑和恐惧。它们通常都是一些负面的信念,不一定基于事实,只是多年以来已经被你接受,不再质疑了。

正如莎士比亚在《暴风雨》中写到的那样:"往日只是一首序曲。"过去在你身上发生的一切都是为了让你作好准备,迎接未来的美好生活。

记住这句话:你来自哪里并不重要,重要的是你将走向何方。

魔力悄悄话

你的心田之上有一片花园。如果你无心养花,不必做什么,杂草自会疯狂生长。如果你不去有意地种植和培育积极的想法,消极的想法就会鸠占鹊巢。

米开朗琪罗的雕像《大卫》

意大利的佛罗伦萨学院美术馆里矗立着米开朗琪罗的雕像《大卫》,这座雕像被许多人认为是世界上最美的雕塑作品。

据说米开朗琪罗晚年的时候,有人曾经问过他怎么能够雕刻出如此美的作品。

他是这样解释的:有一天早上,他正走在去工作室的路上,无意间瞥了一眼路边小巷里一个巨大的大理石块。

这块大理石是好几年前从山区搬来的,它就那样一直躺在那里,上面长满了杂草和灌木。

这条路米开朗琪罗以前也走过许多次,不过这一次,他停了下来,绕着这块巨石走了几圈,仔细地查看了一番。

突然,他想到了自己接受任务要雕刻的那座雕像,这块石头不正是他一直以来苦苦寻找的石材吗?

他找人把石块抬进了工作室,精雕细刻了将近四年的时间,终于创作出了《大卫》这件作品。

据说米开朗琪罗后来曾这样讲:“一开始的时候我就从这块大理石中看到了《大卫》的样子。从那时起,我唯一的工作就是把所有不是《大卫》的部分除去,直到留下的只有完美。”

同样的道理,也许你就是被封印在大理石中的《大卫》。你生活的伟大目标就是除去所有那些牵绊你前行的恐惧、怀疑、不安、负面情绪和错误信念,直到剩下的只是那个一切皆有可能的最好的你。

无论何种境遇,都能找到其中的积极因素,坚定地将消极变成积极,释放出你自己生活中的那位“英俊的王子”。

决定吧,就趁现在,你要释放获得成功与幸福的无限潜力,成为沉睡在内心深处的那个非凡的你。你要实现所有你来到这个世上就本应获得的美妙体验。

魔力悄悄话

你对自己的个人能力或处境会有一些负面或自我限制的信念,它们也许妨碍了你的前进。找出它们,然后问问自己:"如果它们不是真的,我会怎么办?"如果你有足够的才华和能力,足以获得生活中一切想要的东西,你会怎么办?如果你的生命不受任何限制,那又会如何?如果确定能收获成功,你会为自己设定怎样的目标,你又会从今天起进行怎样的改变?

想象那位英俊的王子

公主可不是遇着谁就想嫁给谁的。她早就在心里盘算好了,要嫁就得嫁一个门当户对的英俊王子。那么你呢? 在你的工作和生活里,什么是你的英俊王子或貌美公主呢?

要成为一个真正快乐、满足的人,首先,你要有一个清晰的定义,知道你想成为的那个理想中的你是什么样的,知道你想拥有的完美生活是什么样的。如果你就是你可以成为的那个最棒的人,那你应该具备怎样的品质和特点呢?

心理学家是这样描述一个机体健全、自我实现的人的:真心感到幸福,与世界及自身和睦相处,自信、积极、风度翩翩、随和,觉得自己正在发挥无尽的潜能,心怀感恩,精力充沛,通常都会觉得生活很美好。

试试魔杖练习。展望未来的时候,你可以想象自己挥舞魔杖,能够让决定你幸福与苦恼的四个关键因素都达到理想的状态。这四个关键因素分别是收入和事业、家庭和感情、健康以及经济上的独立。

成功人士所拥有的最重要的行为之一被称作"理想化"。在理想化的过程中,你会营造出一个关于未来的愿景,而在这个愿景里,你生活中的一切都是完美无瑕的。也就是说,理想化的过程就是练习使用"不设限"思维的过程。

想象一下,你拥有你所需要的所有时间和金钱、所有朋友和人脉、所有教育和经历、所有天赋和能力,你可以成为你想成为的人,拥有你想拥有的东西,做你想做的事情。如果真的是这样,那么你最想用你的人生做些什么呢?

当你将理想化和魔杖练习结合起来的时候,你的心灵就得到了解放,你就不会再被日常的工作劳烦和生活中的柴米油盐所牵累。你有了一种所谓"天马行空"的思维,而这正是各个领域的大师和高手们所拥有的特质。

尝试一下"从未来回顾"的思维。假设时间过了五年,站在那个时候的立场上回过头来看你的今天。写下下面几个问题的答案。

如果这五年里你的工作、事业或者生意都顺风顺水,那会是怎样一种情形?你能赚多少钱?那样的情形会和如今有什么不同?

为什么你还没有过上那样的生活,享受你理想的职业和收入?

如果这五年里你的家庭、感情和生活方式都称心如意,那会是怎样一种情形?那样的情形会和如今有什么不同?

要创造这样一种理想的家庭生活,你要采取的第一步行动是什么呢?

如果这五年里你一直都十分健康,那你看上去会是什么样,你会有怎样的感受?你会有多重?你每天或者每周会锻炼多长时间?你会吃哪些食物?更重要的是,你从外表上看来会和今天的自己有什么不同?

为了享受完美的健康体魄,你应当开始做或者停止做的第一件事是什么?

如果这五年里你的经济状况一直都非常好,那你该有多少资产呢?银行里能存下多少钱?你每个月能从你的投资中获得多少收益?每年呢?

你能采取的第一步行动又是什么呢?

和丈夫在一起的时候,克里斯蒂娜经常问他:"你觉得今天怎么过可以算得上完美呢?"她也会问自己同样的问题。然后,他们会想办法让两个人都觉得这一天很完美。

如果一开始的时候,他们就觉得到头来自己还是要作出妥协,那么他们在界定什么样的一天才算完美的一天时就会受到限制。而实际上,让他们各自去定义完美的时候,他们描绘的图景是完全不同的。

还有最重要的一点别忘了,想一想,为了作好准备,迎接你心仪的理想未来,从今天起,你必须做哪些事情呢?

做大梦,大胆梦。首先,你要有一个清晰的定义,知道你想成为的那个理想中的你是什么样的,知道你想拥有的完美生活是什么样的。

假设你有一根魔杖,轻轻挥舞一下,你的事业、家庭、感情、健康和经济状况想变成什么样就变成什么样。那么,你会怎样让它们都变得完美呢?

尝试一下"不设限"的思维方法。用"天马行空"的想象将你的心灵从日复一日的挑战中解放出来。

在你确定什么是可能的状态之前,先确定什么是理想的状态。

设计你理想的未来,这样你就能够开始完全控制自己的生活。

确定这样一个目标,如果你可以在 24 小时内实现它,它就会对你的生活产生最积极的影响。

下定决心,立刻采取行动,开始创造你的理想生活。

魔力悄悄话

在生活中,我们尝试做一件事情的时候总会先想到那些必须考虑进来的限制因素和局限性。然而,如果一开始的时候你能假设自己不受任何限制,你就一定会惊讶于自己所能想到和办到的一切。记住这一条法则:在你确定什么是可能的状态之前,先确定什么是理想的状态。

放过那些让人痛苦的青蛙

你人生的目标就是尽可能多地感受到快乐、喜悦和情绪的自由。所以，你必须摆脱所有那些阻挡你前进的旧包袱和负面情绪，它们会像绑在脚上的铅块一样，妨碍你发挥最大的潜力，创造无限的可能。

也许最重要的成功和幸福的原则就在于宽容的法则之中，它是指你心理健康，能够自如地宽容、忘却、放手所有的负面经历。这并不是说你不能从不快的经历中学到宝贵的经验，只是你要懂得去粗取精、去伪存真，用心记住了其中的经验教训，让其他的事情都随风散去。约翰·F.肯尼迪曾经说过："宽恕你的敌人，但永远不要忘记他们的名字。"

几乎所有伟大的宗教都会指出宽容的重要性，都会把它视为内心平静的关键。如果你不会容，你就会停留在一个较低层次的幸福和满足中。你会被年复一年的拒绝和不情愿阻挡住脚步，无法忘记过去的伤痛。

替代法则认为你可以有意地决定用能够解放心灵的宽容之感去替代一直让你感到不快的任何愤怒或伤痛的感情。

头脑的两个机制

你的头脑之中既有成功机制，也有失败机制。当你想到的都是一些对人对己的积极、关爱、宽容的想法并且关注自己的目标时，成功机制就会被激活。保持这些正面的想法需要你有意识地不断努力。它们的发生不是一种偶然，而是一种选择。

而你的失败机制呢，很不幸，当你不再想着自己想要的东西时，它就会自动开始运转。这就意味着，如果你不有意地选择去想那些能让你感到高兴的想法，你的大脑就会按照默认设置，产生会让你觉得不高兴的负面想法。

　　幸运的是，习惯法则认为，如果你能严格要求自己，一直想着正面的想法，它最终就会变成你自然而然的思考方式。当正面思维变成一种习惯，你就会乐观地看待自己、对待生活。

　　许多人都会自然而然地纵容自己的负面想法，以此来保护自己免受失望或可能出现的情绪伤痛的影响。这种行为是从过去的经历中学来的。幸运的是，如果你能有意识地努力改变自己的反应，这种学来的行为是可以被忘掉的。

　　正如我们之前所说的那样，人们今天不快乐，主要是因为他们还没有原谅他们认为另一个人犯过的错误或者他们认为那个人对自己的冤枉。

　　决心宽容是你从孩子转变为成人的一个基本标志。当你宽容的时候，你就将自己从负面情绪中解放了出来，同时，你也解放了其他人。你扔掉了过去的负担，释放出自身的潜力，朝着实现未来目标的梦想进发。

宽容完全是个人的问题

　　有些人觉得宽容他人就相当于认可对方的行为，宽恕对方的不善之举或残忍行径。他们觉着宽容实际上是放了他人一马，是在水落石出、事实证明他人说了有害的话或做了有害的事之后，饶了他人一命。

　　然而，事实上，宽容和他人没有任何关系，这才是问题的关键。宽容只和你一个人有关。因为宽容他人之时，你解放的不是对方，而是自己。

　　如果你拒绝宽容，那对他人是没有影响的。持续的愤怒只会让你自己觉得不开心，让你自己感到沮丧。事实上，如果让你感到愤怒的那个人知道你还在因为他生气而把自己弄得很痛苦，他很可能还十分高兴呢。你难道希望如此吗？

　　据说生活中85%的问题都源自我们同他人的关系。几乎所有的负面情绪，特别是愤怒和内疚，都与另一个人相关。当人们被问及"如今你生活中最大的问题、担忧或者关切是什么"的时候，他们的答案几乎总会和他人相关，关于他人做过什么，关于他人正在做什么。

　　吉姆·纽曼曾经开展过一个关于个人成长和有效性的研修班。在研修班上，他讲过，我们每个人的胸前都有一系列的绿色按钮和红色按钮，它们分别会触动快乐与不快的记忆。出于习惯的原因，每当你按下绿色按钮，你就会微笑，会感到高兴；而当你按下红色按钮的时候，你就会生气，就想要动手。

绿色按钮与快乐的回忆相连，它们会让你想到生活中你喜爱的那些人，例如你的配偶和子女；红色按钮则会让不快的回忆联系在一起，它们会让你想到曾经伤害过你的人，想到那些一提起名字就自然会让你怒火中烧的人。

吉姆指导说，完全控制自身情绪的关键就是通过重编程序来改写按钮，每当按下了一个红色按钮的时候，想着那些正面想法而不是负面想法。

因为情绪是以让人难以想象的速度运转着的，你无法在触发负面记忆之后再控制它们。所以，你必须提前编好程序。你要对自己说："每当我想到那个人的时候，我都会祈祷、宽容、放手。"

我们已经发现了，宽容的要义只是很简单的一句"上帝保佑他。我原谅他，希望他过得好"或者"上帝保佑她。我原谅她，希望她过得好"。

当你为一个人祈祷并祝福他过得好的时候，你就不可能还生那个人的气。当你一遍一遍地重复这样的话语时，你其实就是在"改写"自己的情绪。几乎花不了多久的时间，你就不会再对那个人产生负面的情绪。在过去，想到他或者在脑海中浮现出他的样子都会让你愤怒，可是现在你的反应则是完全客观公正的，你没有任何不好的感觉。

从那以后，无论何时那个人的名字或形象再次出现的时候，你只要说一句"上帝保佑他。我原谅他，希望他过得好"。当你这样做以后，你就解放了自己，过上你可以拥有的美好生活。

魔力悄悄话

宽容是喜悦、快乐和内心平和的关键。你能自由地宽容他人的能力标志着你在成长为一个人格健全者的道路上已经走了好远。从古至今，最伟大的人们都是那些身心发展成熟，能够不对任何人或者任何事心怀敌意的人。这同样也应该成为你的目标。

自信人生更淡定

人生要面临好多难关:升学的难关、感情的难关、工作的难关、家庭的难关……其实,只要自信,就可以轻松渡过! 有了自信,不管突遇怎样的难关,你都能淡定从容面对它、接受它、处理它、放下它。不论多么复杂多么难以承受的负面压力,都可以化繁为简。

英国有一位名不见经传的设计师克里斯托·莱伊恩,除了年轻,他一无所有,但他很幸运,参加了温泽市政府大厅的设计。他运用工程力学知识,依据自己多年的实践,很巧妙地设计了只用一根柱子支撑大厅天花板的方案。

一年后市政府权威人士进行验收时,说只用一根柱子支撑天花板太危险了,要求他再多加几根柱子。

年轻的设计师却十分自信,说只要用一根坚固的柱子便足以保证大厅的安全,并详细地计算说明,列举相关实例,最后,他坚持自己完美的设计而拒绝了工程验收者的建议。

可想而知,他的固执惹恼了市政官员,他险些被送上法庭。在种种压力下,他陷入进退维谷的地步:坚持自己的主张,就意味着公然与政府官员作对;放弃吧,又有悖于自己为人的准则。矛盾了很长时间,他终于想出一条两全其美的计策。

他在大厅里增加了4根柱子,不过,这些柱子并没有与天花板接触,只是摆设,摆设给那些愚昧无知却又刚愎自用的人看。

时光飞逝,岁月如梭,一晃300年过去了。300年的时间里,市政府官员换了一批又一批,而支撑他们头顶天花板的柱子仍是那一根。直到某一年,市政府准备修缮大厅的天花板时,才发现了这个秘密。

消息在一夜之间不胫而走,世界各国的建筑家和游客慕名而来,观赏这根奇异的柱子,并把这个市政大厅称作"嘲笑无知的建筑",当地政府对此也不加掩饰,在新世纪到来之际,特意将大厅作为一个旅游景点对外开放。

许多人在那一根柱子面前流连忘返,遐想联翩。人们在仅存的一点儿资料中找到了设计师克里斯托·莱伊恩当时说过的一句话:"我很自信,自信至少100年后,当你们面对这根柱子时,只能哑口无言,甚至瞠目结舌——我要说明的是,你们看到的不是什么奇迹,而是我对自信心的一点坚持。"

黑人领袖马丁·路德·金留下过一句很激励人心的话,**"这个世界上,没有人能够使你倒下,如果你自己的信念还站立的话。"**自信的人永远不会被社会击败的,最富有成就的人就是依靠他们自己的自信、智慧和能力取得成功的人。

2001年5月20日,美国一位名叫乔治·赫伯特的推销员成功地把一把斧子推销给了小布什总统。布鲁金斯学会得知这一消息,把刻有"最伟大推销员"的一只金靴子赠与他。

这是自1975年以来,该学会的一名学员成功地把一台微型录音机卖给尼克松后,又一学员登上如此高的门槛。

布鲁金斯学会创建于1927年,以培养世界上最杰出的推销员著称于世。学会有一个传统,在每期学员毕业时,设计一道最能体现推销员能力的实习题,让学员去完成。克林顿当政期间,他们出了这么一个题目:请把一条三角裤推销给现任总统。8年间,有无数个学员为此绞尽脑汁,可是,最后都无功而返。

克林顿卸任后,布鲁金斯学会把题目换成:请把一把斧子推销给小布什总统。鉴于前8年的失败与教训,许多学员知难而退,个别学员甚至认为,这道毕业实习题会和克林顿当政期间一样毫无结果。因为现在的总统什么都不缺少,再说即使缺少,也用不着他们亲自购买;再退一步说,即使他们亲自购买,也不一定正赶上是你去推销的时候。然而,乔治·赫伯特却做到了,并且没有花多少工夫。

一位记者在采访他的时候,他是这样说的:"我认为,把一把斧子推销给小布什总统是完全可能的。因为布什总统在得克萨斯州有一个农场,里面长着许多树,于是,我给他写了一封信,说:"有一次,我有幸参观您的农场,

31

发现里面长着许多矢菊树,有些已经死掉,木质已变得松软。我想,您一定需要一把小斧头,虽然从您现在的体质来看,这种小斧头显然太轻,因为您仍然需要一把不甚锋利的老斧头。现在,我这儿正好有一把这样的斧头,它是我祖父留给我的,很适合砍伐枯树。假若您有兴趣的话,请按这封信所留的信箱,给予回复……最后他就给我汇来了15美元。"

乔治·赫伯特成功后,布鲁金斯学会在表彰他的时候说:"金靴子奖已空置了26年。26年间,布鲁金斯学会培养了数以万计的推销员,造就了数以百计的百万富翁,这只金靴子之所以没有授予他们,是因为学会一直想寻找这么一个人:这个人不因为有人说某一目标不能实现而放弃,不因为某件事情难以办到而失去自信。"

乔治·赫伯特的故事在世界各大网站公布后,一些读者纷纷搜索布鲁金斯学会,他们发现在该学会的网页上贴着这么一句格言:不是因为有些事情难以做到,我们才失去信心,而是因为我们失去了自信,有些事情才显得难以做到。不因为有人说某一目标不能实现而放弃,不因为某件事情难以办到而失去自信,这是布鲁金斯学会寻找的人才,同样也是各行各业所需要的人才。

人生最大的损失,莫过于失掉自信。漫漫人生路,总会遇到沼泽满地,荆棘丛生,总会因路途坎坷而举步维艰,总会因身体困乏而步履蹒跚。向前看去,无尽的黑暗始终走不到头,虔诚的信念总会被世俗的尘雾所缠绕……摆在我们面前的只有两条路,要么退却,要么继续向前。退却的结果就是碌碌无为,而继续向前则可能依然找不到方向,也又可能柳暗花明,就看你有没有自信对自己说一声"重新再来!我一定能行!"请记住,奇迹都是由自信创造出来的。

有一次大提琴家帕尔曼和平常一样,走得很痛苦,但很稳重。他走到他的座位前,缓缓地坐下,把双拐放在地上,解开腿上的支架,一只脚放在后面,另一只脚伸向前方。然后他弯下身拿起提琴,放在颌下,朝指挥点了点头,开始了演奏。但这次出了点麻烦,刚演奏完前面的几个小节,小提琴的一根弦断了,人们可以听到它的断声——这声音在安静的大厅里听起来格外脆响。

当然，任何人都知道用 3 根弦是无法演奏出完美的和弦的。当时大家都认为他将换把小提琴或者给这把琴换根琴弦。但帕尔曼却用常人难以想象的自信挑战了这一突发的事件。只见他丝毫未显惊慌，迟疑了一下，闭上眼睛，非常轻松自如地给了指挥一个信号，示意重新开始演奏。整个过程就好像已完成上一曲演奏的自然间歇，接着该演下一曲了。

乐队奏响音乐，从停止的部分开始演奏，前后衔接得非常和谐，听起来就像他调整了琴弦原有的音阶，演绎出一种它们从未奏出过的全新的声音。让听众们感到他用 3 根弦奏出的音乐比他曾经用 4 根弦奏出得更加美妙，更有神韵，更加难忘。听众感到他的演奏从来不曾如此富有激情、富有力量，旋律如此优美动听，特殊的激情和勇气赋予了他奇特的艺术灵感和创造力，使他超常地发掘出潜在的才华，用勇气、智慧、胆识创造了比常规下更具魅力的奇迹，改写了小提琴的演奏历史。

当演奏结束，大厅中先是一片沉静，接着人们站起来欢呼，礼堂的每一个角落都爆发出热烈的掌声。帕尔曼微笑着，擦了擦额上的汗，举起琴示意大家安静，然后用一种平和的、沉思的、恭敬的语气说道："大家知道，有时演奏艺术家的工作就是用你仅有的东西还能发掘、创作出新的音乐。"

帕赫尔曼用自己的自信创造了奇迹，所以任何人都不要轻视自己，也不要在意别人的眼光，给自己树立信心，不要被一时的困难挫败。那么，奇迹就会在不经意间被创造，因为成功往往倍加青睐自信的人。

每个人的身体之中都隐藏着独特的价值，信心是人生最珍贵的宝石，它使你免于失望，也免于迷茫，使你有百倍的勇气去面对艰苦的人生。

魔力悄悄话

有过这样一句话："自信、自卑、自爱、自怜、自尊、自律都是源于自己。"一个人的人生是辉煌还是毁灭，都掌握在每个人自己的手里。自信是一种致命吸引力，它是冰天雪地中开的那一朵漂亮的雪莲花。

第三章
灵魂深处的幸福

幸福不是你房子有多大，而是房里笑声有多甜；

幸福不是你能开多豪华的车，而是你开着车能平安到家；

幸福不是爱人多漂亮，而是爱人的笑容多灿烂。

幸福是最平常的，平常到无处不在；

幸福又是稀有的，稀有到有人终其一生，不得其门而入。

倘若你要问我，幸福到底在哪里？我会说：幸福是天空，是阳光，是草地。

幸福，就是我们的生活。

甘于寂寞不是无能，而是寂静的蓄势

"社会上一时出现些什么，不要去追赶时髦、去追逐热闹，年轻人就要甘于寂寞，在默默无闻中奋斗、努力，当你终于做出了一番成就时，人们就会知道你的存在，那时你就不会寂寞……"这是老舍先生曾写过的一篇文章《要甘于寂寞》中的话。他道出了成功的秘诀，那就是要甘于寂寞。

盛大公司的总裁陈天桥，在1993年以优异的成绩从复旦大学提前毕业，被分配到陆家嘴集团公司，他第一次体验了人生巨大的落差，品尝到寂寞的滋味。他的工作很简单，就是每天在一个小房间里放映有关集团情况介绍的录像片，这一放就是10个月。在这10个月的时间里，陈天桥根本无法去跟别人谈论自己的远大理想，也没办法在简单的放映工作中施展他的抱负。

陈天桥很快就意识到这种不为人知的寂寞是磨炼意志的绝佳机会。在这段时间，他潜心读书，为他后来独特的管理风格奠定了基础。10个月之后，正赶上集团下属的一家企业有个干部挂职锻炼的机会，集团选定陈天桥担任那家有着200多人企业的副总经理。在挂职锻炼期间，来自复旦大学经济系的专业教育让他拥有出色的战略眼光，而甘于寂寞让他克服了一般年轻人好高骛远、不脚踏实地的缺陷。

"我认识到，无论有怎样的抱负，首先是要社会接受你，而不是你去要求社会来适应你，这是当时一个很大的收获。"陈天桥说，"在我当时这样一个年纪，这样一个背景，我能耐得住10个月的寂寞，躲在一个小房间里放录像，我自己感觉这对后面的年轻人还是有所启示的。很多年轻人觉得自己如何如何，要干这个，要干那个，但无论干什么，首先要适应环境，而不是等着环境来适应你。"

在现在这个浮躁的社会，甘于寂寞需要极大的智慧和定力，才能约束自己的心灵。古今中外，大凡有所成就的人，都能够忍受住寂寞，忍受住平淡无味的生活,在默默无闻中奋发进取。如果要想成功,要想成就一番事业,就一定要甘于寂寞。

寂寞是一种无形的力量,它无比强大,甚至可以深入到人的每一根神经和血管,可以延伸到我们生活的每一个角落。谁能耐得住寂寞,谁就能有一颗宁静的心灵,心灵一旦安静下来,自然就能专注于自己要做的事情,又何愁不会成功呢?

在一个偏僻遥远的山谷里,有一个高达数千尺的断崖。不知道什么时候,断崖边上长出了一株小小的百合。百合刚刚发芽的时候,长得和杂草一模一样。但是,它心里知道自己并不是一株野草。它的内心深处,有一个内在的纯洁的念头:"我是一株百合,不是一株野草。唯一能证明我是百合的方法,就是开出美丽的花朵。"

有了这个念头,百合努力地吸收水分和阳光,深深地扎根,直直地挺着胸膛。终于在一个春天的清晨,百合的顶部结出第一个花苞。百合的心里很高兴,附近的杂草却很不屑,它们在私底下嘲笑着百合:"这家伙明明是一株草,偏偏说自己是一株花,还真以为自己是一株花,我看它顶上结的不是花苞,而是头脑长瘤了。"

公开场合,它们则讥讽百合:"你不要做梦了,即使你真的会开花,在这荒郊野外,你的价值还不是跟我们一样。"偶尔也有飞过的蜂蝶鸟雀,它们也劝百合不用那么努力开花:"在这断崖边上,纵然开出世界上最美的花,也不会有人来欣赏呀!"百合说:"我要开花,是因为我知道自己有美丽的花;我要开花,是为了完成作为一株花的庄严使命;我要开花,是由于自己喜欢以花来证明自己的存在。不管有没有人欣赏,不管你们怎么看我,我都要开花!"

在野草和蜂蝶的鄙夷下,百合努力地释放内心的能量。有一天,它终于开花了,它那灵性的白和秀挺的风姿,成为断崖上最美丽的风景。百合花一朵一朵地盛开着,花朵上每天都有晶莹的水珠,野草们以为那是昨夜的露水,只有百合自己知道,那是极深沉的欢喜所结的泪滴。

年年春天,百合努力地开花、结籽,它的种子随着风,落在山谷、草原和悬崖边,到处都开满洁白的百合。几十年后,远在百里外的人,从城市,从乡村,千里迢迢赶来欣赏百合花开。许多孩童跪下来,闻嗅百合花的芬芳;许多情侣互相拥抱,许下了"百年好合"的誓言;无数的人看到这从未见过的美,触动了内心温柔纯净的一角,感动得落泪。

有底蕴的人,终究是有底蕴的。冰雪掩梅,梅自香。耐得住寂寞孤独,终归会有人寻芳而至。而没有底蕴的人,再如何聒噪宣扬,也不会有人问津。

寂寞,其实是一种蓄势。猛兽在捕猎之前,往往都要静悄悄地占据一个有利地形,然后耐心地等待最合适的时机,才能一蹴而就。做人要学会在寂寞中等待时机,寂寞是成才之路,也是修养之大法。大凡智者,都是甘于寂寞的。甘于寂寞的人永远不会寂寞,不甘寂寞的人才会永远寂寞。

魔力悄悄话

寂寞是一种内敛的品质,它不会被喧嚣的俗物所污浊。多体验一下寂寞,多一些独立的思考,就能明白人生的真谛,实际上就隐藏在极为平凡的事物中间。

放弃明日黄花,畅快活在当下

人们常常为了已经发生过的事情懊悔,为了还未发生的事情担忧,而常常错过了正在做的事、正在看的风景、正在一起工作和生活的人,因此就常常与幸福擦肩而过。

其实我们能够把握的就是当下的时光与幸福。我们只能活在当下,活在此时此刻,所有的一切都是在当下发生的,而过去和未来一个是历史一个还是未知。只有活在当下,才能真正从容地直面人生,才能将所有的精力积聚在这一刻,全身心地投入,成功自然就会来到。以健康的心态享受每一个"今天",享受每一个当下,所追求的幸福便能操之在手。

格陵兰有一个爱德华机场,这座机场是为了纪念一位名叫爱德华·文森特的人而建立的。因为他真正领悟了一个人生真理——生命就在生活里,在每天的每时每刻中。在这之前他时刻被忧郁所困扰,忧郁折磨得曾让他想到过自杀。

爱德华出生在一个贫苦的家庭,从小就卖报纸补贴家用,成年后在一家杂货店做店员。家里的重担已经压在了他的肩上,他需要一份高薪水的工作来维持家人的生活,他做了图书馆管理员,一干就是八年,但是微薄的薪水让他无法维持家里的开支,他需要一份薪水更高的工作。于是,他鼓起勇气辞了职,开始自己创业。

他借来了50美元,没想到一年之内就变成了两万美金。可是好景不长,一次他投资失败,所有的财产瞬间化为乌有,同时还背上了1.6万美元的债务。这突如其来的打击,让他万分忧虑,不久他得了一种奇怪的病。有一天,他在散步时突然晕倒在地,接着他的身体开始逐渐地溃烂,即便是躺在床上也是万分痛苦。医生告诉他,他最多只能再活两个星期。爱德华听到这个消息后,十分震惊,然而这一切都已经无法挽回了。

于是他写好了遗嘱，对自己的身后事做了周密的安排，然后静静地等待着死亡的降临。但是，极度痛苦后的宁静让他忘却了忧虑，奇迹就在这时降临了，不再忧虑的爱德华胃口大开，不仅饭量迅速增加，而且他能够像正常人一样睡觉了。

就这样，两周过去了，死神不仅没有降临，他反倒可以拄着拐杖下地行走了。两个月之后，爱德华的身体已经神奇般地康复了。他离开医院后，找到了一份推销员的工作，打算重新开始自己的人生。这时的爱德华，虽然有过曾经一年赚进两万美元的记录，但现在这份工作月薪只有30美元。因为已经不再为过去的遭遇而难过，也不再为那不可知的未来担心，而是把自己全部的精力和热情投入到每天的推销工作中去，爱德华的事业发展非常迅速。短短数年，他就有了自己的公司，而且公司的股票在纽约股票市场上市。后来，人们为了纪念他，格陵兰特意用他的名字作为新建机场的名字。

生命就是由无数的当下串联而成的，所谓的人生就是活在当下。爱德华正因为领悟了这个人生道理，他才能忘却过去，不再忧心未来，好好地把握生命的最后两周。于是他创造了奇迹，不仅没有等来死神，反而获得了新的机会，而且让他获得了重生。

在撒哈拉大沙漠中，有一种土灰色的沙鼠。每当旱季到来之时，这种沙鼠都要囤积大量的草根，以准备度过这个艰难的日子。因此，在整个旱季到来之前，沙鼠都会忙得不可开交，在自家的洞口上进进出出，满嘴都是草根。从早起一直忙到夜晚。

但奇怪的是，当沙地上的草根足以使他们度过旱季时，沙鼠仍然要拼命地工作，仍然一刻不停地寻找草根，并一定要将草根咬断，运回自己的洞穴，这样它们才会心里踏实。否则就会焦躁不安。而实际情况是，沙鼠无须这样劳累和忧虑。经过研究证明，这一现象是由于一代又一代沙鼠的遗传基因所决定。

一只沙鼠在旱季里需要吃掉两千克草根，而沙鼠一般都要运回10千克草根才能踏实。大部分草根最后都腐烂掉了，沙鼠还要将腐烂的草根清理出洞。

曾有专家打算用沙鼠来代替小白鼠做医学实验，因为沙鼠的个头很大，更能准确地反映出药物的特性。但所有的医生在实践中都觉得沙鼠并不好用。因为沙鼠一到笼子里就焦虑不安，不停地到处找草根，其实那时它们已经是"衣食无忧"了。最后，沙鼠就这样一个个"忧郁"地死在笼子里了。

也许你会取笑沙鼠太笨了，不懂动脑筋。我们人类会思考，有理智，但是想想我们的一生又是怎样度过的，年轻的时候拼命地努力读书，为的是能够进入名牌大学。毕业了盼着有个好工作，工作后透支健康、透支幸福为的是能够多挣些钱，买房子、买车子。不停地劳作，却从未关注过当下的自己。人生是一个过程，而并非结果。不懂得享受和体验此刻，又怎会体会到精彩生活的每一天，更不用说体会一生的幸福。

实际上我们只有当下一件事情要做，这件事情处理好以后，我们就可以镇静从容地处理下一个"当下"的事情。我们的人生才会拥有从容与安宁、智慧与感动，才会有时间细细地品味人生。

魔力悄悄话

昨日已经成为历史，明天依旧是一个幻影，唯有今日唯有此刻才是生命的真谛，它值得我们去珍惜、去把握，我们的生命在此刻才能体现它最大的价值与张力。但是我们很少有人能够真正地领悟"活在当下"的道理，实际上，让我们感到忧虑的，往往不是眼下的事情而是那些还没有到来或者永远都不会到来的"危险"。

心生乐观，事事皆为过眼浮云

人生总会遇到许多意想不到的困难。生活是一面镜子，如果你以微笑面对生活，那么生活也会对你微笑，你的境遇也会乐观起来；如果你悲观，那么生活也会对你悲观，你的境遇也会悲观起来。

有一个天生乐观的英国人，他从不拜神，令神不开心，因为神的威严受到挑战。他死后，为了惩罚他，神便把他关进很热的房间，七天后，神去看望这位乐观的人，发现他非常开心。神便问："身处如此闷热的房间七天，难道你一点也不感觉痛苦？"乐观的人说："待在这间房子里，我便想起在公园里晒太阳，当然十分开心啦！"因为英国一年难得有好天气，一旦晴天，人们都喜欢去公园晒太阳。

神不甘心，便又把这个乐观的人关到一个非常寒冷的房间。七天后，看到这位快乐的人依然很开心，神便问他为什么，乐观的人回答说："待在这寒冷的房间，我会想到要放假了，还会收很多圣诞礼物，能不开心吗？"神不甘心，便把他关入一间阴暗又潮湿的房间里。七天又过去了，这位快乐的人仍然很高兴，这时神有点困惑不解，便说："这次你若能说出一个让我信服的理由，我便不再为难你。"这位快乐的人说："我是一个足球迷，但我喜欢的足球队很少有机会赢。可有一次赢了，当时就是这样的天气。所以每遇到这样的天气，我都会高兴，因为这会让我联想起我喜欢的足球队赢了。"神终于无话可说了，便给了这个乐观的人自由。

如果你面对太阳，那么阴影永远只会在你的身后。如果你经常乐观地看待人生，幸福之门终将会为你打开。人生总是在幸运与不幸、沉与浮、光明与黑暗之间更替中前行。既然事实无法改变，不妨用乐观的心态去生活。

幸福——人生乐在心相知

有一个人在普通人的眼中,他应该算是"最不幸的人"。他一生中经历过7次大难、4次失败婚姻,他就是塞拉克。人生第一次灾难是1962年。当时他正坐火车从萨拉到杜布洛夫尼克去,火车行驶在半路上时发生意外。快速行进中的列车脱轨陷入一条冰冻的河流。17名乘客溺水而死,塞拉克的一只胳膊碰断了,部分身体被擦伤,体温降到很低,但他仍艰难地爬到了河岸上。一年以后,不幸再次降临,塞拉克乘坐一架飞机从萨格勒布到里耶卡去,途中飞机的舱门被强风吹开,机上大部分乘客被强大的气流吸了出去。塞拉克也未能幸免。那次事故,19人被摔死,但塞拉克最后却"降落"在一座干草堆上再次躲过了一劫。1966年,塞拉克在斯普利特所乘坐的一辆巴士汽车翻入一条河里,6人丧生,塞拉克爬到车外,游到安全的地方。他的身体除了一些擦伤外,基本没有什么大碍。

1970年塞拉克遭受了第4次灾难。当时他正开车沿着一条高速路行驶,突然他的车子起火了。来不及多想,他便赶忙钻出车外,逃离了出事的汽车,几秒钟后,汽车的油箱爆炸了。经历过以上4次大难而不死后,朋友们开始称呼他为"幸运先生"。他说:"对这个问题可以有两种不同的看法,我要么是世界上最倒霉的人,要么是世界上最幸运的人,我喜欢相信后一种观点。"三年后,塞拉克在一次事故中丢掉了大部分头发。有一天,他开了一辆"沃特伯格"汽车,汽车的燃油泵出了点毛病,他正低头检查时,燃油泵喷出的汽油浇在了烧得正热的发动机上,火苗通过发动机的气孔蹿了出来,他的大部分头发被烧掉了。

1995年,第6次变故来临了。他在萨格勒布被一辆巴士汽车给撞倒在地上,不过还好,他只是受了点轻伤,休克了一会儿。第二年,他自己开车在山区行驶,车到一处山角转弯时,一辆联合国工作人员乘坐的汽车迎面开了过来。情急之下,他把自己开的斯柯达汽车往山崖边上的交通护栏开去。车子越过护栏开始向下坠去,塞拉克在最后一刻跳出了汽车,落在悬崖上的一棵树上,他的车在他身下300英尺深的山谷爆炸了。据塞拉克自己讲,他先后结过4次婚,但每次都以失败而告终。

另一件事让他成了"世界上最幸运的人"。40年来从未买过幸运彩票的他买了有史以来的第一张乐透彩票,结果他竟中了头奖!这使得他一下子得到60万英镑的巨额奖金。这位从"最不幸运的人"变为"世界上最幸运的人"的人今年已经74岁,在确认自己赢得大奖的消息后他高兴地说:"现在我准备好好地享受生活了。我感到自己好像获得了新生。我知道这么多年来上帝一直在关注着我。"塞拉克准备拿这笔钱买一座房子、一辆汽车,再买一艘快速游艇,然后再和比自己小 20 岁的女友结婚成家。

如果他没有一个乐观的心态,恐怕得不到最后的幸运。正如心理学家、哲学家威廉·詹姆斯提出的忠告一样,"要乐于接受必然发生的情况,接受所发生的事实,这是克服随之而来的任何不幸的第一步。"在面对不幸的时候,我们可以选择积极乐观,也可以选择消极悲观,不同的选择,不仅体现着不同的价值观,还会产生截然不同的两种命运。

在要付出巨大努力和经受众多无奈的尘世之中,守住一种乐观委实不易,那是坚韧的心支撑起来的恬淡的风景。乐观之于人生,是寒夜中的热望与希冀,是普照生灵的不息的阳光,更是一份旷达与美好的勇气与自信。

魔力悄悄话

在乐观中撷取一份坦然,你的生命定然多姿多彩;在悲观中摘下一片沉郁的叶子,能够让你的能量瞬间地瓦解。两个人同时遥望夜空,一个人看到的可能是沉沉的黑夜,而另一个人看到的却是黎明前的序幕。这就是乐观与悲观的区别。

要容纳世界先要接纳自己

一个人要接纳另一个人很难，但一个人接纳自己更难。有时我们太过于追求一个毫无缺点的自己，须知"金无足赤，人无完人"，谁都有缺点，但是每个人也都有优点，即使是由于自身的原因导致了错误也要宽容地原谅自己，只有这样才能形成积极的心态，有利于下一步的成功。懂得善待自己，才能收获属于自己的快乐。

在纽约的北郊住着一个名叫艾米丽的女孩，她整日自怨自艾，认定自己的理想永远实现不了，她的理想也是每一位妙龄女郎的理想：和一位潇洒的白马王子结婚、白头偕老。艾米丽总以为别人都有这种幸福，自己会永远被幸福拒之于千里之外。

一个雨天的下午，忧郁的艾米丽去找一位有名的心理学家，因为据说他能解除所有人的痛苦。她被让进了心理学家的办公室，握手的时候，她冰凉的手让心理学家的心都颤抖了。他打量着这个忧郁的女孩，她的眼神呆滞而绝望，讲话的声音像是来自于墓地。她的整个身心都好像在对心理学家哭泣着："我已经没有指望了！我是世界上最不幸的女人！"心理学家请艾米丽坐下，跟她谈话，心里渐渐有了底。最后对她说："艾米丽，我会有办法的，但你得按我说的去做。"他要艾米丽去买一套新衣服，再去修整一下自己的头发，他要艾米丽打扮得漂漂亮亮的，对她说星期二他家有个晚会，他要请她来参加。艾米丽还是一脸闷闷不乐，对心理学家说："就是参加晚会我也不会快乐。谁需要我，我能做什么呢？"心理学家告诉她："你要做的事很简单。你的任务就是帮助我照料客人，代表我欢迎他们，向他们致以最亲切的问候。"

星期二这天，艾米丽衣衫合适、发式得体地来到了晚会上。她按照心理学家的吩咐尽职尽责，一会儿和客人打招呼，一会儿帮客人端饮料，一会儿给客人开窗户。她在客人间穿梭不息，来回奔走，始终在帮助别人，完全忘记了自己。她眼神活泼，笑容可掬，成了晚会上的一道彩虹。散会时，同时有三位男士自告奋勇要送她回家。一个星期又一个星期，一个月又一个月，这三位男士热烈地追求着她，最终她选定了其中的一位，走入了婚姻的殿堂。

接纳自己需要勇气和毅力，同时也是一个痛苦的过程，因为我们要直面自己的不完美，接纳自己的缺点，也要接纳自己的优点。明白哪些是自己能做的事情，我们会多一点自制和自信，生活便会多一点快乐。

一位挑水夫有两只水桶，一只完好无缺，一只残缺有裂缝。每天挑水时，他将这两只水桶分别吊在扁担的两头。每一趟挑水完好无缺的桶总是能将满满一桶水从溪边送到主人家中，而那只有裂缝的桶到达主人家时，却只剩下半桶水。

两年来，挑水夫就这样每天挑一桶半的水到主人家。那只好桶为自己能够每天将满满的一桶水送到主人家中而自豪不已。而那只破桶对自己的缺陷则深感惭愧，它为自己只能送回一半的水而感到难过。

有一天，破水桶终于忍不住了，它对挑水夫说："我很惭愧，必须向你道歉。""你为什么觉得惭愧？"挑水夫问道。"这两年中，在你挑水的一路上，水总是从我这一边漏掉，我只能送半桶水到你主人家。"破桶说。

挑水夫温和地说："你难道没有注意到在小路的两旁，只有你的那一边有花，而好桶的那一边却没有开花吗？我知道你的缺陷，所以，我善加利用，在你那边的路旁撒了花种，每次从溪边回来时，你都为我浇花，这些美丽的花朵装饰了主人的餐桌。如果没有你，主人的家里也没有这么好看的花朵。"

在他们回去的路上，破桶看到五彩缤纷的花朵开满路的一旁，在温暖的阳光之下开得正艳，这景象使它感到很开心。

每个人都有属于自己的特点，你眼中的缺点也许从另一个角度来看就是优点。但是人们往往习惯于欣赏别的人和事，却忽略了自己。对于别人的辉煌成就望洋兴叹，自惭形秽。有些人则选择盲目地模仿，最后落得个

"东施效颦"贻笑大方。

只有懂得接纳自己的人,才会发掘出属于自己的美丽:宁折不屈的人,拥有的是坚强、豪迈;含蓄内敛的人凝重而深刻;历经坎坷的人,拥有的则是毅力和柔韧。正因为不同的人有不同的魅力,所以我们的社会才会多姿多彩。

魔力悄悄话

如果你是小鸟就不要去唱苍鹰之歌,叽叽喳喳同样具有魅力。小鸟有苍鹰所不具备的优势,苍鹰有小鸟永远也达不到的高度。虽然小鸟不能飞过苍穹,但它可以唱出婉转的歌声。

保持平常心才能体会到蛰伏的美丽

哲学家邱斯顿说过："天使之所以能够飞翔,是因为他们有着轻盈的人生态度。"做人要拿得起放得下,任何事情都要看开,都要用智慧去面对。平常心不是平庸心,不是对什么都无所谓,得过且过,碌碌无为地度日。保持平常心,并不等于要放弃远大的抱负与雄心,只是不要把成败看得那么重要。努力了、奋斗了,只求无愧于心就可以了。正所谓"谋事在人,成事在天"。

山姆是一个画家,而且是一个很不错的画家。他画快乐的世界,因为他自己就是一个很快乐的人。不过没人买他的画,因此他想起来会有些伤感,但只是一会儿的时间,很快他又开心起来了。"玩玩足球彩票吧!"他的朋友劝他,"只花2美元就可以赢很多钱。"于是山姆花2美元买了一张彩票,并真的中了头彩! 他赚了500万美元。"你瞧!"他的朋友对他说,"你多走运啊! 现在你还经常画画吗?""我现在就只画支票上的数字!"山姆笑道。山姆买了一幢别墅并对它进行了一番装饰。他很有品位,买了很多东西:阿富汗地毯,维也纳柜橱,佛罗伦萨小桌,迈森瓷器,还有古老的威尼斯吊灯。

山姆很满足地坐下来,他点燃一支香烟,静静地享受着他的幸福,突然他感到很孤单,便想去看看朋友。他把烟蒂往地上一扔——在原来那个石头画室里他经常这样做——然后他出去了。燃着的香烟静静地躺在地上,躺在华丽的阿富汗地毯上……一个小时后,别墅变成火的海洋,它被完全烧毁了。朋友们很快知道了这个消息,他们都来安慰山姆。"山姆,真是不幸啊!"他们说。"怎么不幸啊?"他问道。"损失啊! 山姆你现在什么都没有了。"朋友们说。"什么呀? 不过是损失了2美元。"山姆答道。

在人生的漫长岁月中,也许我们不断地失去一些我们不想失去的东西,但是不必斤斤计较,耿耿于怀,因为这样于事无补。**人们的生存空间广阔无边,人生的经历异彩纷呈,能像山姆一样拥有一颗平常心,谈何容易。**

古时候有一位神射手,名叫后羿。他练就了一身百步穿杨的好本领,立射、跪射、骑射样样都能百发百中,几乎从来没有失过手。人们争相传颂他高超的射技,有天便传到夏王的耳朵里。

有一次很偶然,夏王亲眼目睹了后羿的神箭法,很欣赏他的功夫。夏王便招他入宫中,单独给他一个人演习一番,好尽情领略他那炉火纯青的射技。夏王命人把后羿找来,带他到御花园里找了个开阔的地带,叫人拿来了一块一尺见方,靶心直径大约一寸的兽皮箭靶,对后羿说:“今天请展示一下您精湛的本领,这个箭靶就是你的目标。为了使这次表演不至于因为没有竞争而沉闷乏味,我来给你定个赏罚规则:如果射中的话,我就赏赐给你黄金万两;如果没射中,那就要削减你的一千户封地。”

原本很自信的后羿听了夏王的话,面色变得凝重起来。他脚步沉重地走到离箭靶一百步的地方,取出一支箭搭上弓弦,摆好姿势拉开弓开始瞄准。但因为心里想着这一支箭的重量,他无法安心,结果没有射中。

之后,后羿更加紧张了,他再次弯弓搭箭,精神却更不能集中了。后羿收拾弓箭,向夏王告辞,悻悻地离开了王宫。夏王为此心生疑惑,就问手下道:“这个神箭手后羿平时射起箭来百发百中,为什么今天却大失水准了呢?”手下解释说:“后羿平日射箭,不过是一般练习,在一颗平常心之下,水平自然可以正常发挥。可是今天他射出的成绩直接关系到他的切身利益,叫他怎能静下心来充分施展技术呢?看来他的得失心太重,以至于不能专心射箭,有愧于神箭手之名呀!”

过分看重利益往往是我们做事的大敌,对身边的事物尤其是名利,不妨抱着一颗平常心去看待,得之不喜、失之不忧。这样做人才能更加豁达和乐观,才能够安心地享受生活。

唐朝诗人白居易曾说:“自净其心延寿命,无求于物长精神”对生活中的得失成败,要看得淡一些。用平常心来看世界,我们才能善良、热忱地为人做事。拥有一颗平常心,才能使内心达到一种真正宁静的境界,才能在万籁俱静的夜里,聆听大地的天籁:鸟叫虫鸣,风声,雨声,花开花落;才能在喧嚣的尘世,静观人生之百态,感悟人间冷暖。

拥有一颗平常心,你就会惊奇地发现和体会到平凡的生活中蛰伏的美丽。拥有一颗平常心,你就能从容地面对生活中的一切。在诱惑面前,不为所动;在金钱和荣誉面前,不为雀跃;在失意和落魄时,不气馁。

魔力悄悄话

平常心是人生修养的一种很高境界,是一种平静和坦然的人生态度。平常心是尘世中的微笑,是物欲中的淡泊,是风浪中的平静,是困厄中的坦然。

第四章
把握当下的幸福

　　幸福是陪伴人一生的追求，从来没有过片刻的远离。

　　幸福就在身边，如影随形，只是我们更多的时候，忙于追逐世俗的目标，而忽略了它的存在。

　　我们往往只是忙忙碌碌地追求名利，而无视身边的美好。

　　有时间静下来的话，不妨想想，人生中真正重要的东西是什么。

　　只要我们珍惜拥有的，那么我们就是最富有的，最快乐的人。

珍惜拥有，快乐就在你身边

快乐并不是拥有更多，而是懂得享受、珍惜你已经拥有的。跟金钱一样，年龄、性别、教育和种族都不是快乐的关键。人之所以痛苦，就是因为不知足。我们往往只是忙忙碌碌地追求名利，而无视身边的美好。有时间静下来的话，不妨想想，人生中真正重要的东西是什么。只要我们珍惜拥有的，那么我们就是最富有的，最快乐的人。

很久以前，有一个樵夫，每天上山砍柴，日复一日，过着平淡宁静的日子。有一天，樵夫跟平常一样上山砍柴，在路上捡到一只受伤的银鸟，银鸟全身包裹着闪闪发光的银色羽毛。樵夫欣喜说："啊！我一辈子从来没有看过这么漂亮的鸟！"于是把银鸟带回家，专心替银鸟疗伤。在疗伤的日子里，银鸟每天唱歌给樵夫听，樵夫过着快乐的日子。

有一天，邻人看到樵夫的银鸟，告诉樵夫他看过金鸟，金鸟比银鸟漂亮上千倍，而且，歌也唱得比银鸟更好听。樵夫想，原来还有金鸟啊！从此，樵夫每天只想着金鸟，也不再仔细聆听银鸟清脆的歌声，越来越不快乐。有一天，樵夫坐在门外，望着金黄的夕阳，想着金鸟到底有多美。此时，银鸟的伤已康复，准备离去。银鸟飞到樵夫的身旁，最后一次唱歌给樵夫听，樵夫听完，只是很感慨地说："你的歌声虽然好听，但是比不上金鸟的动听；你的羽毛虽然很漂亮，但是比不上金鸟的美丽。"银鸟唱完歌，在樵夫身旁绕了3圈告别，向金黄的夕阳飞去。樵夫望着银鸟，突然发现银鸟在夕阳的照射下，变成了美丽的金鸟。梦寐以求的金鸟，就在那里，只是，金鸟已经飞走了，飞得远远的，再也不会回来。

我们常常就像那个樵夫一样，拥有的自己却毫无知觉，总是去羡慕那遥不可及的美好，等到失去的时候才会觉得遗憾。人生最值得珍惜的不是已经失去的和尚未得到的,而是现在自己所拥有的。

有一个学生向苏格拉底请教,世界上什么东西最宝贵? 苏格拉底没有直接回答,而是领着他访问了许多人。在医院里,他们访问了一个百万富翁。这个富翁有好几套别墅。有好几辆名贵马车,还有上百个仆人和一二十个貌若天仙的情人。但是,老天似乎与他过不去,偏偏让他患上了不治之症,这个富翁说:"我现在感到最宝贵的就是健康,谁如果能够给我一个健康的身体,我情愿把所有的财富都送给他。"

在斗牛场,他们向一个斗牛士询问:世间最宝贵的东西是什么? 斗牛士有着非常雄健的身体,浑身肌肉疙疙瘩瘩,结实得跟大犍牛一样。但是,他最近失恋了——那位全城最漂亮的姑娘与他相恋近五年,一个星期前却投入到另一个斗牛士的怀抱中。斗牛士痛苦地说:"爱情,真正的爱情,才是世上最宝贵的东西!"他们在河边遇到一个晒太阳的老人,年轻人向老人提出了同样的问题。老人颤巍巍地站起来,羡慕地盯着年轻人容光焕发的脸庞说:"在我看来,世间再没有什么东西比青春更宝贵了。瞧,你拥有青春多么好! 可惜,青春对每个人来说只有一次,我不可能再拥有它了!"

他们一路访问下去,拥有权力的人渴望得到友情,身陷囹圄的人渴望得到自由,精神压抑的人渴望得到快乐,门庭若市的人渴望得到宁静——人们的回答尽管各不相同,但有一点却是相似的:那些最宝贵的东西,都是已经失去和即将失去的东西。

苏格拉底说:"孩子,世界上的许多东西其实都是十分宝贵的。当我们拥有它的时候浑然不觉,而一旦失去它,便感到它的宝贵了。"

最好的事物是握在你手中的现在,如果我们一味地沉浸在得不到的遗憾中,那么我们就会继续错失今昔的拥有,就会有可能使今日本应得到的幸福再次沦为得不到的遗憾。

我们应该学会珍惜。珍惜我们的拥有,享受我们现在所有的安乐、幸福,不要遗憾那些我们得不到的事物。不必为那些失去的、得不到的东西而感伤,因为得不到的东西不一定是好的,而你得到的、你所拥有的才会构成你的幸福!

鸟语花香,阳光雨露,对每一个人都是公平的。欢乐与喜悦,烦恼与忧伤，每个人都有。生命，总是美丽的。不是因为苦恼太多，而是我们本身就不懂生活；不是因为幸福太少，而是我们不懂去好好地把握。我们并不是要拥有很多才会幸福，一个会心的微笑，一束美丽的鲜花，一缕淡淡的柔情，一句关切的问候，一滴真诚的泪水，一声同情的惋惜……对于每一个人都是极其宝贵的财富。拥有并懂得珍惜，才能在爱与恨、得与失、悲与伤之间拥有了一条宽敞明亮的路。迷人的微笑，美好的情操，对生活不懈的追求，不会因为风雨的侵袭而凋零，不会因为时光的流逝而淡漠！

魔力悄悄话

　　古希腊诗人荷马曾说过："过去的事已经过去，过去的事无法挽回。"的确，昨日的阳光再美丽，今日再也无法欣赏。为什么不能好好把握现在，珍惜此时此刻的拥有？为什么要把大好的时光浪费在对过去的悔恨之中？时光如梭，往事难追，后悔没有任何益处。过去的事就让它过去好了，为打翻的牛奶而哭泣只会徒增伤悲。岁月无法重复，来不及让我们后悔。

顺其自然让生活变得清淡

一年复始、四季轮回,总有绚烂的黄昏,总会有起风的清晨,总有暖和的午后,总有流星的夜晚。人有生老病死,既有年轻力壮、精力充沛的青年时代,也有稚嫩和年老体弱的幼年和老年时期。生活有许多的不如意,我们不必强求,顺其自然,随遇而安,就可以找到心灵的宁静和快乐。

禅院的草地上一片枯黄,小和尚看在眼里,对师父说:"师父,快撒点草籽吧!这草地太难看了。"师父说:"不着急,什么时候有空了,我去买一些草籽。什么时候都能撒,急什么呢?随时!"

中秋的时候,师父把草籽买回来,交给小和尚,对他说:"去吧,把草籽撒在地上。"起风了,小和尚一边撒,草籽一边飘。

"不好,许多草籽都被吹走了!"

师父说:"没关系,吹走的多半是空的,撒下去也发不了芽。担什么心呢?随性!"

草籽撒上了,许多麻雀飞来,在地上专挑饱满的草籽吃。小和尚看见了,惊慌地说:"不好,草籽都被小鸟吃了!这下完了,明年这片地就没有小草了。"师父说:"没关系,草籽多,小鸟是吃不完的,你就放心吧,这里一定会有小草的。随想!"

夜里下起了大雨,小和尚一直不能入睡,他心里暗暗担心草籽被冲走。第二天早上,他早早跑出了禅房,果然地上的草籽都不见了。于是他马上跑进师父的禅房说:"师父,昨晚一场大雨把地上的草籽都冲走了,怎么办呀?"

师父不慌不忙地说:"不用着急,草籽被冲到哪里就在哪里发芽。随缘!"

不久,许多青翠的草苗果然破土而出,原来没有撒到的一些角落里居然也长出了许多青翠的小苗。

小和尚高兴地对师父说："师父，太好了，我种的草长出来了！"

师父点点头说："随愿！"

《淮南子》中曾有这样一个故事：

　　有一位住在长城边的老翁养了一群马，其中有一匹马忽然不见了，家人们都非常伤心，邻居们也都赶来安慰他，而他却无一点悲伤的情绪，反而对家人及邻居们说："你们怎么知道这不是件好事呢？"众人惊愕之中都认为是老人因失马而伤心过度，在说胡话，便一笑了之。

　　可事隔不久，当大家渐渐淡忘了这件事时，老翁家丢失的那匹马竟然又自己回来了，而且还带来了一匹漂亮的马，家人喜不自禁，邻居们惊奇之余亦很羡慕，都纷纷前来道贺。而老翁却无半点高兴之意，反而忧心忡忡地对众人说："唉，谁知道这会不会是件坏事呢？"大家听了都笑了起来，都以为是把老头乐疯了。

　　果然不出老人所料，事过不久，老翁的儿子便在骑那匹马时摔断了腿。家人们都很难过，邻居也前来看望，唯有老翁显得不以为然而且还似乎有点得意之色，众人很是不解，问他何故，老翁却笑着答道："这又怎么知道不是件好事呢？"

　　事过不久，战争爆发，所有的青壮年都被强行征集入伍，而战争相当残酷，去当兵的乡亲，十有八九都在战争中送了命，而老翁的儿子却因为腿跛而未被征用，因此幸免于难，故而能与家人相依为命，平安地生活在一起。

　　这就是"塞翁失马，焉知非福"，老翁睿智之处在于明白福祸相依的道理，能够把事情想得开，看得透，顺其自然。

　　顺其自然是通达的人生智慧，是历经世事之后的沉淀，是一种悠然自得的心境。顺其自然就是静静等待大自然的时机，让苍天大地和雨露阳光去滋养。

　　生活在现代社会的人，总会受到来自诸多方面烦恼的干扰，常常令我们身心疲惫、痛苦不堪。金钱和名利只是身外之物，不必刻意去追求，拥有健康的体魄和快乐的心灵本身就是一笔财富。

　　欲望有时会带来罪恶，不要让欲望成为你心灵的累赘，因为它可能是潘多拉的魔盒。

只有我们从内心摆脱这些烦恼的束缚，将它们全部抛开，才能让心灵得到真正的安宁。而在这个过分强调成败的社会，我们不妨放宽心，只管做好自己应该做的事，其他的顺其自然。

魔力悄悄话

生活是一幅精美的画，每个人都有自己认为最美的一笔，每个人也都有认为不尽如人意的一笔，关键在于你怎样看待。与其整日被愁闷所困扰，不如以一种顺其自然的态度看淡世间一切，就像徐志摩所说："得之我幸，不得我命，如此而已。"

用心感知呼吸都是幸福

有一个故事叫作《牵着蜗牛去散步》。

一天，上帝安排一个人，让他牵一只蜗牛去散步。蜗牛慢吞吞的脚步让他烦死了，任凭他拉它、催它、吓唬它，蜗牛依然是故我。因此他心生埋怨，一路上数落着蜗牛，埋怨上帝为什么让他带着蜗牛来散步。但后来他因走得慢，心情放松而闻到了花香、听到了虫鸣鸟叫、看见了满天星斗，在慢慢地行走中体会到了前所未有的幸福。他发现，其实不是上帝叫他牵着蜗牛去散步，而是上帝让一只蜗牛陪他去散步，上帝使他找到了自我，使他看到了身边的美。

幸福就是如此简单，它处处存在，只需要我们用心去体验。幸福不但表现了自己对世界的欣赏与赞美，也给周围的人带来了温暖和轻快。只有每个人都能感知幸福，才不会再挑剔生活。幸福的感知能力取决于对那些你已经拥有的、你现在拥有的非常普通而又平凡的东西感到幸福；这些东西往往我们平时体会不到，直到有一天失去的时候才知道珍贵。

有一个人，他生前善良且乐于助人，所以死后升上天堂做了天使。他当了天使后，仍时常到凡间帮助人，希望感受到幸福的味道。一天，他遇见了一位樵夫。樵夫一副闷闷不乐的样子，他向天使诉说："我用来砍柴的刀掉到悬崖下去了，没了刀，我怎么养家糊口呢？"于是，天使赐给了他一把很锋利的柴刀，樵夫很高兴，天使在他身上感受到了幸福的味道。

又一天，他遇见了一个女人。女人非常沮丧，向天使诉说："我的儿子得了重病，需要很多很多的钱医治，可是我很穷，儿子的命都保不住了。"天使给她很多银子，女人很高兴，天使在他身上感受到了幸福的味道。

又一天,他遇见了一个王子。王子年轻有为、英俊潇洒、有才华且富有,妻子美貌而温柔,但他却过得不快活。天使问他需要什么。王子说:"我什么都有,只欠一样东西,你能够给我吗?"天使回答说:"可以。你要什么我都可以给你。"王子直直地望着天使:"我要的是幸福。"这下子把天使难倒了,天使想了想,说:"好,我明白了。我能给你幸福。"

天使先是拿走了王子的才华,然后又毁去他的容貌,最后夺去了他的财产和他妻子的性命。天使做完这些事后便离去了。过了一个月,天使回到王子的身边,他那时面容极丑,穿着破烂的衣裳,躺在大雪纷飞的大街上,又冷又饿。于是,天使把他以前的一切又还给了他,然后又离去了,半个月后,天使再去看王子。这次,王子在皇宫里幸福地搂着妻子,不住地向天使道谢,因为他得到幸福了。

人总是这样,一定要等到失去后才会珍惜自己所拥有的。**人们之所以感觉不幸福,是因为当幸福来临的时候,自己常常浑然不觉,即便是别人投来羡慕的目光,依然不知道珍惜自己所拥有的幸福,反而让幸福白白地从自己手指间溜掉,到了最后,只剩下挥之不去的痛苦。**一个在没有失去的时候就知道珍惜的人,才是真正幸福的人!

一位国王总觉得自己不幸福,传说只要得到幸福的人的衬衫就能得到幸福。于是他就派人四处去寻找一个感觉幸福的人,然后将他的衬衫带回来。寻找幸福的人碰到人就问"你幸福吗?"回答总是说:不幸福,我没有钱;不幸福,我没亲人;不幸福,我得不到爱情……就在他们不再抱任何希望时,从对面被阳光静照着的山冈上,传来了悠扬的歌声,歌声中充满了快乐。他们随着歌声找到了那个"幸福人",只见他躺在山坡上,沐浴在金色的暖阳下。"你感到幸福吗?""是的,我感到很幸福。""你的所有愿望都能实现,你从不为明天发愁吗?""是的。你看,阳光温暖极了,风儿轻柔,我肚子又不饿,口又不渴,蓝天白云,地又是如此宽阔,我躺在这里,除了你们,没有人来打搅我,我有什么不幸福的?""请将你的衬衫送给我们的国王,国王会重赏你的。"寻找幸福的人说。那个人回答说"我很穷,根本买不起衬衫"。

幸福与财富无关,与地位无关,与长相无关,与事业无关。**幸福没有一**

个绝对的定义,它是一种内心的感觉,幸福也许就在我们的身边,需要我们去发现,去耐心地体会和品味。

对于生病的人来说,拥有健康的身体就是一种幸福。肚子饿的时候,面前有一碗热腾腾的拉面就是一种幸福。劳累的时候,一张温暖的床就是幸福。对于失眠的人来说,能够睡一好觉就是一种幸福。可见幸福随时随地都存在,只是看我们有没有能力去真心地体验。如果人生是一次长途旅行,那么,相同的风景对于不同的人会有所不同,眼睛只盯着终点的人,将要失去多少沿途的风景?

魔力悄悄话

生命漫长,琐碎的幸福像花,总是悄无声息的一朵一朵地绽放。因为琐碎所以容易被我们忽略。就像日出与日落一样,因为经常会看到,所以很少能够察觉它的美丽。我们往往不是缺少幸福而是缺少感知幸福的心态。

淡泊容天下,宁静修身是福

被物欲所累的人,物欲就是他的追求,又怎会有高远之志。唯有淡泊的心境,才能放飞自己的理想。不追求热闹,心境安宁清静,才能达到远大目标,思想才有机会去驰骋。宽容是一缕东风,宽容了别人,解脱了自己。坦然应对生命中的每一个险滩,就会融化冷漠的冰雪,迎来生机盎然的春天。

猜疑别人会让自己心烦窒息

猜疑是卑鄙灵魂的伙伴,一个人一旦陷入猜疑的陷阱,必定处处神经过敏,事事捕风捉影,并且对他人失去信任。因此不要以自己主观想象作为衡量别人的标准,主观意识太强,会造成识人的错误与偏差,损害正常的人际关系,甚至会造成千古悲剧。哲学家叔本华用悲观主义的目光看待人生,他把悲剧分为三类:一是罪大恶极之人所造成的悲剧;二是命运捉弄所造成的悲剧;三是由于相互间的误会、猜疑和伤害所造成的悲剧。

莎士比亚的名剧《奥赛罗》就对猜疑造成的悲剧做了淋漓尽致的刻画。国王的女儿苔丝狄梦娜不顾父亲的反对,坚贞不渝地追求黑奴出身的将军奥赛罗,两个人私下成婚,奥赛罗非常爱这个美丽善良的妻子。可是他听信了尼亚古别有用心的谗言,怀疑苔丝狄梦娜与副将卡西欧有奸情,猜疑之火蒙蔽了双眼,狂怒中奥赛罗亲手掐死了美丽贞洁的妻子苔丝狄蒙娜。后来真相大白,奥赛罗悔恨交加,在妻子的尸体旁边拔剑自刎。

一对经历百般磨难才结成良缘的美满夫妻却这样双双惨死了,多么令人惋惜啊!他们的爱情虽然战胜了种族歧视,却没有逃脱阴谋陷害。奥赛罗的猜疑使他失去了心爱的妻子,而明朝崇祯皇帝的猜疑则使他冤杀了一代名将袁崇焕,从而失去了整个大明皇朝。

　　生活在崇祯年间的袁崇焕本是一个科举出身的文官，但却熟读兵书，精于布阵，对边疆战事很是关心。后来辽东战事告急，袁崇焕被委以辽东防务的重任，镇守山海关。袁崇焕依其卓越的军事才能，以区区一万守军在宁远大败努尔哈赤的十三万大军。努尔哈赤在宁远一战中被袁崇焕用红衣大炮击伤，努尔哈赤百战百胜的神话被打破，后来含恨而死。这次战争是两军在长期交战中，明军首次取得的胜利。一年后，皇太极亲率精兵欲为其父报仇，但在宁锦损兵折将，溃败而逃。袁崇焕自此威震辽东，令清兵闻风丧胆。

　　崇祯二年（1629年），皇太极采用了汉奸高鸿中的建议，率领大军，绕过长城，直抵北京城下。袁崇焕闻讯后率领九千精兵星夜回援，结果在广渠门外和十万八旗军血战一场，终于击退清兵，保住了京师。两次兵败的奇耻大辱，父亲丧命的深仇大恨，使得皇太极不能善罢甘休。皇太极一面伺机向北京城发动更强大的进攻，一面使用"反间计"离间袁崇焕与崇祯皇帝。当时提督大坝马房太监杨春、王成德为清兵所掳，皇太极借鉴《三国演义》中周瑜利用蒋干盗书的反间计故事，故意让他们偷听到"袁经略有密约，不日即输诚矣"的密谈，第二天又有意将其放跑。两人回去后，将听到的消息奏报了崇祯，崇祯信以为真。次年八月以"谋叛欺君"的罪名将袁崇焕处以磔刑，并被肢裂于西市。最为惨烈的是，当时的京城百姓以为袁崇焕勾结满洲人通敌卖国，听说袁崇焕被处死，这些人付钱从刽子手那里买来袁崇焕的肉生吃，顷刻间肉已卖完，再开膛取出五脏，截寸而卖，百姓买得，和烧酒生吞。一代名将千里冰雪回师救主，却落得如此下场。

　　袁崇焕入狱后，曾写下一诗以表心迹，其中有两句："但留清白在，粉骨亦何辞？"这桩千古奇冤，直到清乾隆年间修《明史》时，真相才大白于天下。

　　袁崇焕之所以被冤杀、皇太极的反间计之所以能够得逞，更深层次的原因在于崇祯对袁崇焕日积月累的猜疑。被猜疑占据的心灵只能永远在黑暗中备受煎熬，看不到明媚的阳光。摒弃猜疑的法宝就是建立信任，信任建立在了解的基础之上。猜疑往往是关闭心灵之门、掩饰自我、人为设置心理障碍的结果。只有敞开心扉，将心灵深处的猜测和疑虑公之于众，才能求得彼此之间的了解沟通，增加相互信任，消除隔阂。不要让成见和偏见蒙住自己的眼睛。不要轻信小人的谗言与他人的挑拨，一个人对他人的偏见、成见越少，就越不容易产生猜疑。

幸福——人生乐在心相知

《三国演义》中,曹操刺杀董卓败露后,与陈宫一起逃至吕伯奢家。曹吕两家是世交。吕伯奢一见曹操到来,本想杀一头猪款待他,可是曹操因听到磨刀之声,又听说要"缚而杀之",便大起疑心,以为要杀自己,于是不问青红皂白,拔剑误杀无辜。

猜疑是宽容的死对头。具有猜疑心理的人与别人交往时,处处带着成见与对方接触,对方一有举动,就对原有成见加以印证。虽然猜疑心理有种种表现,但我们可以发现其共同的特征,即没有事实根据,单凭自己主观地想象;喜欢猜疑他人的人,往往也是一个内心充满不安的人。猜疑者往往是一点小事就会引起情绪不快或是痛苦的感受,甚至少言寡语、意志消沉,孤独沉默、忧愁郁闷,经常怀疑他人要算计自己。

魔力悄悄话

要想摆脱猜疑,就要学会净化心灵,拓宽胸怀,海纳百川,心态平和。多想别人好处,对人多些仁爱宽容,要记住一句古训:"长相知,不相疑"。不妨多交几个亲密朋友,多交流。扩大自己的兴趣爱好,开阔自己的眼界,人的思想境界宽了,胸怀广了,猜疑之心就会逐渐消除。

第五章

敞开心扉接受幸福

　　生命的幸福原来不在于人的环境、人的地位、人所能享受的物质，而在于人的心灵如何与生活对应。因此，幸福不是由外在事物决定的，贫困者有贫困者的幸福，富有者有其幸福，位尊权贵者有其幸福，身份卑微者也自有其幸福。在生命里，人人都是有笑有泪；在生活中，人人都有幸福与忧恼，这是人间世界真实的相貌。人的内心，其实是一个很有趣的平衡系统。当你的付出超过你的回报时，你一定取得了某种心理优势；反之，当你的获得超过了你付出的，你的心理就会处于劣势。

吃亏是福心底坦荡

人生在世，即使什么也学不会，也得学会吃亏。只要学会吃亏，你就会烦恼不上身，遇事游刃有余，心底坦坦荡荡。"吃亏"大多是指物质上的损失，倘使一个人能用外在的吃亏换来心灵的平和与宁静，那无疑获得了人生的幸福和快乐。若一个人处处不肯吃亏，则处处必想占便宜，一时的贪欲反而会害了自己。

阿拉斯加的一位老太太有一所豪华的房子，却没有子女继承。有个律师很想得到这所房子，但是如果按照市场价买下的话，他又嫌太贵。于是他想了一个办法，在老太太90岁高龄时，同她订了一份契约。契约规定，老太太有生之年，律师每月付给她2500法郎的生活费。老太太去世之后，她的房产归律师所有。然而，令律师意想不到的是，这生活费一付就是30年，直到律师去世，老太太还健在。而律师总共付出90万法郎，就是按分期付款，30年也足够买下三四套这样的房子。这个律师因想占小便宜而吃了大亏，一时成为人们的笑谈。

律师为了贪便宜，结果却付出了代价。社会上还有些这样的人，为一己私欲，牺牲别人来换取自己的幸福。侵害别人的利益，必定会起纷争，在四面楚歌之下，失败在所难免。

李士衡是宋朝时人。一次出使高丽要回来的时候，高丽国赠送了许多礼品财物，李士衡并不在意，只是把它交给副使放置。出发前，副使发现船底有缝隙，还有渗水，但是副使也没报告，只是不动声色地把李士衡得到的丝绸细绢垫放在船底，然后把属于自己的礼物放在上面，避免自己的东西受潮。船到大海之中，由于回来时负载太重，而且风浪汹涌，有倾船的危险。

船员要求把装载的东西全部扔掉，否则船翻人亡。这时，副使也吓坏了，就急急忙忙地把船上的东西抛入大海。大约东西丢到一半时，风浪平息，航船稳定了。过后检点物品时发现，丢掉的都是副使的财物，而李士衡的物品由于放在船底，除了受点潮湿，没有丢失一样。

得与失互为转化的效果，有时也并不是马上就可以见到的。看似李士衡原先吃了亏，结果却是受益者。人与人相处，如果怀着从不吃亏的心态，只知道占便宜，到最后，他很可能成为一个真正吃亏的人。

齐国的孟尝君是一个以养士出名的相国。由于他待士十分诚恩，感动了一个叫冯谖的落魄人，此人为报答孟尝君的礼遇而投到他的门下为他效力。一次，孟尝君叫人为他到封地薛邑讨债，问谁肯去。冯谖自告奋勇说自己愿去，但不知将催讨回来的钱买什么东西。孟尝君说，就买点我们家没有的东西吧。

冯谖领命而去。到了薛邑后，他见到老百姓的生活十分穷困，听说孟尝君的使者来了，均有怨言。于是，他召集了邑中居民，对大家说："孟尝君知道大家生活困难，这次特意派我来告诉大家，以前的欠债一笔勾销，利息也不用偿还了，孟尝君叫我把债券也带来了，今天当着大家的面，我把它烧毁，从今以后再不催还。"说着，冯谖果真点起一把火，把债券都烧了。薛邑的百姓没料到孟尝君如此仁义，人人感激涕零。冯谖回来后，孟尝君问他买了何物，冯谖如实回答，孟尝君大为不悦。冯谖对他说："你不是叫我买家中没有的东西吗？我已经给你买回来了。这就是'义'，焚券市义，这对您收归民心是大有好处的啊！"

数年后，孟尝君被人诬陷，齐相不保，只好回到自己的封地薛邑。薛邑的百姓听说恩公孟尝君回来了，倾城而出，夹道欢迎。孟尝君感动不已，终于体会到了冯谖"市义"苦心。

天上的日月不可能永远盈，也不可能永远亏，天道尚如此，人间也是这个规律。因此，人们对于盈亏，不要太过于斤斤计较。很多时候，看似吃亏，其实将来会得到补偿的。宽心的人愿意吃亏，因为吃亏虽然有暂时的舍弃与牺牲，但却会有长久的收益。孟尝君当年的"付出"并没有想到日后会有

"回报"，而冯谖却深知吃亏是福的道理。

把"吃亏"当成"福"气对待，就肯定要"损于己"而"益与彼"。吃亏意味着牺牲和舍弃，一个不能吃亏，永远都是咄咄逼人占便宜的人，时间久了，就会失去朋友和亲人的关爱。吃亏是一种自信的表现，它需要一定勇气，也需要心灵的超脱，更需要一定的智慧。舍弃与牺牲，不失为一种胸怀、一种品质、一种风度。

愿意吃亏的人，总是把别人往好处想，在其天真、迂腐的背后，是一个淡泊、豁达、宽容的内心世界。将欲取之，必先予之。以常人不舍得的付出来换取常人得不到的收获，这才是真正的智慧。

魔力悄悄话

一个愿意吃亏的人，并不是"傻子"，而是因为不愿意被一时的贪欲让自己永远惶惶不可终日。

感恩之心美丽且暖人

感恩是人性的一大美德。常怀感恩之心，我们便能够时刻地感受到家庭的幸福和生活的快乐。感恩是生活的大智慧，也是一种歌唱生活的方式，它来自对生活的爱和希望。一个懂得感恩并知恩图报的人，才是天底下最富有的人。

从前，有个骑士正在打猎取乐的时候，迎面走来一头一瘸一拐的狮子。狮子举起一只脚给他看。骑士跳下马来，从狮子脚上拔出一根尖刺，又给伤口涂了一些油膏，伤口很快就愈合了。

过了一些时候，国王也到森林里打猎，捉住了这头狮子，把它关起来养了好多年。后来，骑士冒犯了国王，就逃到从前常常打猎的那个森林里避风险。他拦路抢劫，杀害了许多旅客。国王不能再容忍了，就派军队将他捕获归案，并判处他受饿狮吞噬之刑。骑士就这样被抛进狮窟，恐惧地等待被吞噬的时刻。不料狮子仔细地把他打量了一番，记起他就是从前的那个朋友，于是，亲昵地偎在他身旁。

一人一兽就这样过了七天七夜，没吃一点东西。这消息传到国王耳朵里，他惊奇不已，叫人把骑士从狮窟中带上来。"朋友，"国王说："你用什么方法叫狮子不伤害你呢。""陛下，有一次我骑马路过森林，这头狮子一瘸一拐地走到我面前。我从它脚上拔下一根大刺，后来又治愈了它的伤口，因此它饶了我。""好，"国王道，"既然如此，那就好好改过自新。"骑士叩谢国王恩典。从此以后，他事事小心检点，一直活到高龄才安然逝去。

狮子尚且懂得感恩，更何况是我们人类。感恩是一种回报，是对他人帮助的回馈；更是一种存在的勇气，它是一种积极面对生活的态度，体现了人自身的价值。它让我们跳出个人悲喜得失的圈子，跃上一个更高的层次来审视人生的意义,进而具有一种开阔的视野和宽广的胸襟。

　　一位哲人说:"世界上最大的悲剧和不幸,就是一个人大言不惭地说:'没人给过我任何东西。'对帮助过你的人,要学会感恩。哪怕是在我们困难的时候,给过我们一碗水、一个微笑的人。我们没有权力要求别人对我们好,也不要把别人对我们的仁慈当成理所当然,即使那个是你最爱的人。感恩是一种美德,不管对别人还是对自己,面对美德,绝不能视而不见。"

　　有一对老夫妻,他们很穷,有时还经常挨饿。最后,实在是没办法了,丈夫对妻子说:"马尔河,咱们给上帝写封求助信吧。"于是,他们坐下来给上帝写了封信,想求上帝帮助自己改善一下现状。他们签了名,仔细地封好,在信封上写上了上帝的名字。"我们怎么才能把这封信寄出去呢?"老伴疑惑地问道。"上帝无所不在,"虔诚的丈夫纳特回答道,"我们的信不论用什么方法寄出去,他都一定能收到。"于是,他走出门外,把信一扔,风就顺势将它沿着街道吹走了。

　　当时有一个善良的富人出门散步,碰巧,风把信吹到了他面前。他好奇地将那封信捡起来,打开后看了看,他被信里老夫妇的虔诚和境遇感动了。他决定帮助他们。过了一会儿,他敲响了老夫妇的门。"纳特先生住这儿吗?"他问道。"我就是纳特,先生。"老头回答道。

　　富人朝他微笑。"那么,我有点儿事要告诉你,"他说,"我想让你知道,几分钟之前上帝收到了你的信。我是他在白俄罗斯的个人代理,他叫我给你 100 卢布。""你看怎么样,马尔河?"老头高兴地喊道,"你瞧,上帝收到我们的信了!"老夫妇收下了钱,对这位上帝在白俄罗斯的代理千恩万谢。然而。当只剩下他们两个人的时候,老头的脸上却布满了疑云。"现在又怎么了?"他的老伴问道。"我很怀疑,马尔河,"老头若有所思地回答,"那个代理一点儿都不诚实,他有点儿耍滑头。哦,你知道代理是怎么回事! 很可能,上帝拿了 200 卢布让他给我们,那个骗子却拿走了一半给自己当佣金!"

　　一个不懂得感恩的人,就像故事中的丈夫一样,即便得到财富也依然是个内心冷漠而贫穷的人,懂得感恩并知恩报恩,才是天下最富有和最快乐的人。

幸福——人生乐在心相知

　　美国总统罗斯福家一次失盗，被偷去了许多东西，一位朋友闻讯后，忙写信安慰他，劝他不必太在意。罗斯福给朋友写了一封回信："亲爱的朋友，谢谢你来信安慰我，我现在很平安。感谢上帝：因为第一，贼偷去的是我的东西，而没有伤害我的生命；第二，贼只偷去我部分东西，而不是全部；第三，最值得庆幸的是，做贼的是他，而不是我。"

　　罗斯福在丢失了财物之后，还找出了感恩的三条理由。换一种角度去看待人生的失意与不幸，对生活怀有一份感恩的之心，你的快乐就会取之不尽。学会感恩，就是学会了长存感激之情，永存爱心。爱的力量是非凡的，它会把一个人塑造得更为完美。如果你想有一个好的心境，那不妨试着学会感恩。感恩不是对现实的逃避，更不是阿Q的"精神胜利法"。感恩，是一种真诚热爱生活的方式，它来自对生活的爱与希望。学会"感恩"，就会懂得尊重他人，发现自我价值。懂得感恩，就会以平等的眼光看待每一个生命，重新看待我们身边的每个人、每件事，尊重每一份平凡普通的劳动，也更加尊重自己。

魔力悄悄话

　　心存感恩的人，才能收获更多的人生幸福，体会自己在这世上的真谛；才能摒弃没有意义的怨天尤人；心存感恩的人，才能朝气蓬勃，豁达睿智，好运常在，远离烦恼。

嫉妒是心灵的毒草

嫉妒者生怕别人超过自己,因为嫉妒,他不希望别人比自己优越;因为嫉妒,他总是想剥夺别人的优越,就像这个宁可失去一只眼睛也不愿让他的邻居超过他的人一样。

但丁指出"嫉妒是对自身优点的爱,以至于堕落为一种剥夺他人优点的欲望。"好嫉妒的人从来不为别人说好话,他会把所有超越自己的人视作自己的敌人,以冷漠的目光注视别人。

嫉妒是一种非理性的情绪体验,常常与罪恶相伴造成悲剧,这样的事例俯拾即是。圣经的《创世纪》中就记载了最初的嫉妒。

亚当和夏娃被逐出伊甸园后,为了自身的生存,不得不学习劳动,刀耕火种,自食其力,尽管辛苦,也乐在其中。他们因上帝的诅咒,已认识到了死亡。为了死后地上仍然有人种留传,他们想到了生儿育女。有一天,亚当和夏娃同房,不久夏娃就怀孕了,生了长子该隐。该隐是"得"的意思。

没几年,该隐又有了一个弟弟,叫亚伯。该隐长大以后,从事农业,当了一名种地的农夫。亚伯长大以后,从事牧业,成了一个牧民。

有一天,该隐拿地里出产的作物献祭给耶和华(即上帝),亚伯则拿羊群中头生的羔羊和羊油献给他。不知道是什么原因,上帝高兴地接受了亚伯的供品,而对该隐的供品却不屑一顾。该隐大为光火,嫉妒使他气得脸都变了颜色。

耶和华看在心里,就问该隐:"你为什么恼怒呢?为什么脸色都变了呢?如果你行好事,你的供物就一定会被接受的;如果你干坏事,罪孽就会伏在你的门前,它必迷恋你,你必要制伏他。"然而,该隐把神的告诫当成了耳边风。

嫉妒迷惑了他的心,使他丧失了理智。他把亲兄弟亚伯骗到田野杀害了。

上帝看到该隐杀了自己的弟弟,就对该隐说:"你弟弟亚伯在哪里?"该隐答道:"我不知道。我又不是他的守卫呀。"犯了杀人之罪还想狡辩。上帝勃然大怒,呵斥他道:"你都干了些什么事呀?你弟弟的血从地下面向我哀告,连土地都裂了口从你手中接受你兄弟的鲜血。现在你该受土地的诅咒。你种地,地不再给你效力,你必须在地上飘荡。"结果该隐只能长年在外流浪。

嫉妒实质是对某些方面比自己强的人产生的一种嫉恨。嫉妒者当看到他人的才华、进步、成绩、专长甚至相貌超过自己时就不舒服、不愉快甚至恼怒,千方百计地采取诽谤、贬低、攻击和背后议论等方式进行诋毁,甚至妄图置人于死地而后快。

嫉妒引发的悲剧从古到今,在每个时代都在上演。

春秋战国时庞涓与孙膑一起在鬼谷子门下学兵法,庞涓嫉妒孙膑的军事才能,用砍去两腿的酷刑加害于孙膑,最后被孙膑设计射死,为天下人耻笑。三国时期,周瑜与诸葛亮同为军事奇才,但是周瑜心胸狭窄,容不得人,在"赔了夫人又折兵"后,哀叹"既生瑜何生亮",吐血而死。

周瑜与庞涓之所以落得如此的下场,是嫉妒使他们害人终害己。嫉妒之人,心灵是脆弱的,无法接受别人比自己优秀。嫉妒是一把双刃剑,伤害别人的同时也在伤害自己。

魔力悄悄话

嫉妒是心灵的毒草,是人类最久远的罪恶之一。基督教把嫉妒列为人类的七宗罪之一。嫉妒的人是用别人的优点来惩罚自己,让自己永远生活在炼狱之中,饱受煎熬。

宽容是一种高贵的美德

　　罗素在他的《快乐哲学》中谈到要想摆脱让人走向死亡和毁灭的嫉妒，文明人必须像他扩展他的大脑一样，扩展他的心胸。他必须学会超越自我，在超越自我的过程中，像宇宙万物那样逍遥自在。

　　宽容是一种非凡的气度，是一种高贵的美德，越有智慧的人胸怀越宽广。宽容不仅使他人释怀，也是另外一种高境界的善待自己。宽容不仅是一种生活艺术，更是一种生存智慧。宽容不仅能减少仇敌，更能推动事业上的成功。

　　齐桓公之所以能够成为春秋五霸之首，就是得益于他有一颗宽容之心。春秋时期，齐国的国君齐襄公无道，他的几个弟弟唯恐殃及自己，纷纷逃往他国避难。其中一位人称公子纠，管仲和召忽在辅佐他，公子纠的母亲是鲁国人，所以逃到了鲁国；另一位叫公子小白，帮助他的是鲍叔牙，他逃到了莒。

　　齐国局势突然发生变化，齐襄公和继位的新君都被谋杀了。消息传来，两位公子都不想错过机会，争先回国，因为谁先到达齐国，谁就可能坐上国君的宝座。

　　齐国大夫派人偷偷从莒召公子小白回国。鲁国听到齐国局势变化的消息，也发兵护送公子纠回国。为了阻止公子小白，管仲带了一支军队埋伏在小白回国的必经之路进行拦截。小白一行人出现了，管仲看准了弯弓就是一箭，正好射在小白的腰带钩上，小白借势翻倒，假装死去。管仲以为大功告成，马上派人报告鲁国。鲁国放松了警惕，护送公子纠的队伍顿时放慢了速度，过了六天才到达齐国。而公子小白借着这一点点时机，快马加鞭，抢先到达齐国，在高侯等大臣们的拥戴下当上了国君。就是后来的齐桓公。

　　齐桓公即位后，就发兵击败了鲁国，并索要管仲。他恨透了这个仇家，一定要杀之而后快。管仲走投无路，请求鲁国把自己囚禁起来。齐桓公继续施压，让鲁国把管仲送回。鲍叔牙对齐桓公说："我追随您多年，现在您终于继位了，我本领有限，再没有办法帮您提高了。您的志向如果只在于把齐国治理好，有高傒和我辅佐就差不多了；但是您要想称霸天下，非得有管仲协助不可。只要管仲在哪个国家，哪个国家的权威就会高扬，您一定不能失掉这个人。"齐桓公听从了他的建议。

管仲被押解回齐国，鲍叔牙前往迎接，半道上就去除了他的脚镣手铐。齐桓公没有杀管仲，捐弃前嫌，高规格地接见了他，并让他做大夫，还把政权委托给他。在管仲的辅佐下，齐桓公果然征服了诸侯，当上了统领天下的霸主。

齐桓公的宽容不仅给了管仲展示才华的机会，也改变了齐桓公的人生。宽容不仅是爱自己也是爱别人。懂得宽容的人，一定懂得"水至清则无鱼，人至察则无徒"的道理。**宽容朋友对你的误解，宽容领导对你的错怪。宽容一切你该宽容的，你会觉得你的心海宽阔的可以容纳山川大海，你会觉得你变得越来越豁达高尚，人不会贫穷到无机会表达宽容的地步。**

苏轼是北宋著名文学家、书画家。宋哲宗元祐年间苏轼被外放到钱塘（杭州）担任知州。苏轼上任后不久，负责征收税赋的务官就抓到了一个冒充他的名义往京城运送货物的书生。苏轼对这个案子很感兴趣，就亲自提审了书生。一番询问下来，苏轼才知道此人名叫吴味道，是福建南剑州乡贡进士。

吴味道家中贫寒，本来没有路费赶赴京城，多亏同乡给他凑了十万钱作为盘缠。可从南剑州到京城开封路途遥远，而且京城的物价又非常高，十万钱根本坚持不到考试结果。吴味道的同乡就给他出了一个主意：从南剑州买进大量的薄丝，然后贩运到京城卖掉，以赚取的利润来维持京城的生活。

可从南剑州到京城有多处收税的关卡，如果全都如数缴纳，薄丝到京城恐怕连一半都剩不下来。于是吴味道就冒用了苏东坡的名义，假装薄丝是苏东坡给其居住京城，担任门下侍郎的弟弟苏辙运送的，希望能蒙混过关，逃避收税。可没想到正撞到枪口上，被精明的税官抓个正着。苏轼写了一个封条，上面写着"送至东京（开封）竹竿巷苏侍郎府"的字样，然后又亲笔写了一封给弟弟苏辙的信交给吴味道，嘱托吴味道抓紧时间，赶快赴京赶考，并祝他高中。后来，吴味道果然考中了进士，他念念不忘苏东坡的功德，特地写信感谢苏轼的宽容之恩。

苏轼用博大的胸怀真诚宽容了吴味道的过错，成就了他的仕途，以大爱赢得了别人的尊重。宽容是一种风度，它把心底的暗流和旋涡化为一江春水，它可以像阳光融化冰雪般化解彼此的误会和矛盾。

我国台湾的许多商人知道于右任是著名的书法家，纷纷在自己的公司、店铺、饭店门口挂起了署名于右任题写的招牌，以招徕顾客。其中确为于右任所题的极少，赝品居多。

一天，一学生匆匆地来见于右任，说："老师，我今天中午去一家平时常去的小饭馆吃饭，想不到他们居然也挂起了以您的名义题写的招牌。明目张胆地欺世盗名，您老说可气不可气！"正在练习书法的于右任"哦"了一声，放下毛笔，然后缓缓地问："他们这块招牌上的字写得好不好？""好我也就不说了。"学生叫苦道："也不知他们在哪找了个新手写的，字写得歪歪斜斜，难看死了。下面还签上老师您的大名，连我看着都觉得害臊！""这可不行！"于右任沉思道，"你说你平时经常去那家馆子吃饭，他们卖的东西有啥特点，铺子叫个啥名？""这是家面食馆，店面虽小，饭菜都还做得干净。尤其是羊肉泡馍做得特地道，铺名就叫'羊肉泡馍馆'"。"呃……"于右任沉默不语。"我去把它摘下来，"学生说完，转身要走，却被于右任喊住了。"慢着，你等等。"于右任顺手从书案旁拿过一张宣纸，拎起毛笔，唰唰在纸上写下了些什么，然后交给恭候在一旁的学生，说："你去把这个东西交给店老板。"学生接过宣纸一看，不由得呆住。只见纸上写着笔墨酣畅、龙飞凤舞的几个大字："羊肉泡馍馆"，落款处则是"于右任题"几个小字，并盖了一方私章。整个书法，可称漂亮之至。"老师，您这……"此学生大惑不解。

"哈哈。"于右任抚着长髯笑道："你刚才不是说，那块假招牌的字实在是惨不忍睹吗？这冒名顶替固然可恨，但毕竟说明他还是瞧得上我于某人的字，只是不知真假的人看见那假招牌，还以为我于大胡子写的字真的那样差，那我不是就亏了吗？我不能砸了自己的招牌，坏了自己的名！所以，帮忙帮到底，把那块假的给换下来，如何？""啊，我明白了。学生遵命"。转怒为喜的学生拿着于右任的题字匆匆去了。就这样，这家羊肉泡馍馆的店主竟以一块假招牌换来了当代大书法家于右任的墨宝，喜出望外之余，未免有惭愧之意。

宽容多一点，幸福就会多一点。于右任明知道有人冒名顶替自己的作品，不仅没有大发雷霆，反而还白送自己的墨宝。对别人宽容，就不会自寻烦恼，宽容别人，心情会好一点，生活也会好一点。

魔力悄悄话

宽容是一种道德修养，无须用折磨自己来惩罚别人，可以避免无意义的争端和挑衅，可以使生活更加明亮。真诚宽容别人过错是一种善良，更是一种境界。

宠辱不惊，淡定从容

古人有诗云:世事如庭前花,花开也有花落,又如天边云,云舒也有云卷,何必患得患失。人活在世上,无论是穷达逆顺,还是贫富贵贱,每天都要和名利打交道。对待名利,每个人有不同的态度:一种是追名逐利,另一种是淡泊名利。有些人虽然明白对名利应该看得淡一些,但是到了关键时刻,往往是无法克制内心的欲望。对待名利,不同的态度也就决定了不同的人生结果。

犹太人帕霍姆已经很富有了,但他仍然不满足。为了得到更多的土地,他去向巴什基尔人买地。巴什基尔人的首领告诉他:"我们卖地不是一亩一亩地卖,而是一天一天地卖,在这一天时间里,你能圈多大一块地,它就都是你的了,但是如果日落之前你不能回到起点,你就一块土地也得不到。"终于,帕霍姆不得不往回返了,可是回来的路上,他越走越吃力,但为了在太阳落山之前赶回去,他仍然在不断地加快步伐。就在太阳即将沉入地平线的一刹那,帕霍姆离出发点只有不到一米的距离了,于是他使出最后的力气向前冲去,可是帕霍姆两腿一软,然后扑倒在地,帕霍姆的仆人跑过来想把他扶起来,却发现帕霍姆正大口大口地吐着鲜血,不一会儿帕霍姆就死了! 帕霍姆的仆人只好在地上挖了一个坑,把他埋在了里面。

帕霍姆虽然圈了那么多的土地,但是死后也只用了他身体占用的那一小块土地,拼命的逐利只是徒劳而已。生活在世间的任何一个正常人都有自己的欲望,但要看欲望的大小与良莠。好的欲望可以使人坚定信念、不断进取,直至实现自己所追求的目标;而不良欲望,则是贪心、贪婪的一种体现,是人性中"恶"的一面。

幸福——人生乐在心相知

有一个人曾经问慧海禅师："禅师，你可有什么与众不同的地方呀？"

慧海禅师答道："有！""那是什么？"这个人问道。慧海禅师回答："我感觉饿的时候就吃饭，感觉疲倦的时候就睡觉。""这算什么与众不同的地方，每个人都是这样的呀，有什么区别呢？"这个人不屑地说。慧海禅师答道："当然是不一样的了！""这有什么不一样的？"那人问。

慧海禅师说："他们吃饭的时候总是想着别的事情，不专心吃饭；他们睡觉的时候也总是做梦，睡不安稳。而我吃饭就是吃饭，什么也不想；我睡觉的时候从来不做梦，所以睡得安稳。这就是我与众不同的地方。"慧海禅师继续说道："世人很难做到一心一用，他们总是在利害得失中穿梭，囿于浮华的宠辱，产生了'种种思量'和'千般妄想'。他们在生命的表层停留不前，这成为他们最大的障碍，他们因此而迷失了自己，丧失了'平常心'。要知道，生命的意义并不是这样，只有将心融入世界，用平常心去感受生命，才能找到生命的真谛。"

我们都是普通人，红尘的多姿、世界的多彩令大家怦然心动，名利皆你我所欲，又怎能做到不喜不悲呢？那么，怎样才能做到宠辱不惊呢？首先，要明确自己的生存价值，如果心中无过多的私欲，又怎么会患得患失。其次，认清自己所走的路，不要过分看待成败，不要过分在意得失，不要过分在乎别人对你的看法。只要自己曾经奋斗过，做自己喜欢做的事，按自己的路去走，外界的烦扰算得了什么。陶渊明式的魏晋人物之所以如此豁达风流，就在于淡泊名利，不以物喜，不以己悲，所以才可以用宁静平和的心境写出那洒脱的诗句。

有位青年背着一个大包裹千里迢迢跑来找无际大师，说道："大师，我是那样的孤寂、痛苦与寂寞，长途跋涉也使我疲倦到极点。我的鞋子破了，荆棘割破双脚；手也受伤了，流血不止；嗓子因为长久的呼喊而喑哑……为什么我还不能找到心中的阳光？"

大师问："你的包裹里装的什么？"

上岸后，大师说："你扛了船赶路吧！"

"什么，扛了船赶路？"青年很惊讶，"它那么沉，我扛得动吗？"

"是的，孩子，你扛不动它。"大师微微一笑，说，"过河时，船是有用的。

但过了河,我们就要放下船赶路。否则,它会变成我们的包袱。痛苦、孤独、寂寞、灾难、眼泪,这些对人生都是有用的,它们使生命得到升华,但念念不忘,就成了人生的包袱。放下它们吧! 孩子,生命不能太负重。"

青年放下包袱,继续赶路。他发觉自己的步子轻松而愉悦,比以前快得多。原来,生命是可以不必那样沉重的。

无际禅师的话无疑是给我们当头一棒——如果我们能放弃那些对痛苦、孤独、灾难等的执着,超越得失、生死、利害、安危,蓦然回头,你会发现自己已脱离苦海,"赤裸裸,净洒洒,无牵挂"。当你学会舍弃,反倒更有一番收获。

放下名利得失,才能容得下别人。只有做到了宠辱不惊、去留无意方能心态平和,恬然自得,方能达观进取,笑看人生。

魔力悄悄话

在这个充满诱惑的世界里,欲望就像是美酒、是可卡因,淡泊则是杯清新的茶。宁静淡泊不是没有欲望。而是属于自己的,当仁不让,不属于自己的,千金难动其心。以淡定从容的心境处世,对自己是云一样轻松,对别人是湖泊一样宁静。

第六章 知足常乐的幸福人生

在自己的面前，永远有更美的风景，在自己的头顶，永远是无尽的苍穹。欲望不达目的誓不罢休的贪婪，与现实永无止境永无终点的残酷，中间有着千百年来不曾填满的沟壑，横跨在人生痛苦与幸福的两端。忘却了生命的流逝，忘却了路过的景致，人生似放荡不羁的野马，狂乱地奔向设定的目标，然后，再从这个眼下的目标开始，奔向新的目标。面对诱惑，我们很难控制住自己，这种贪图享受的心理我们人人都有。但是如果想要获得更大的成功，就必须抵制住这种诱惑，否则只会因为眼前的小利而失去机会，自毁前程。

释放贪婪,学会知足

贪婪是人性最大的弱点。每个人都有欲望,都有贪婪之心,只是程度不同。当你欲壑难填之时,就是你走向罪恶的开始。贪婪是一个恶魔,一旦附身,就会使人难以善终。有个寓言故事讲的是一只狗叼着肉渡过一条河。它看见水中自己的倒影,还以为是另一条狗叼着一块更大的肉。想到这里,他决定要去抢那块更大的肉。于是,他扑到水中抢那块更大的。结果,他两块肉都没得到,水中那块本来就不存在,原有那块又被河水冲走了。可见贪婪来自不断的比较,来自对自身现有物质的不知足。古往今来有多少人为了那虚无缥缈的利益而身败名裂,失去自由甚至生命。

春秋战国时期郑国国君郑武公的王后武姜,她生有两子,长子郑庄公,次子共叔段。武姜生郑庄公时难产,因此她非常讨厌庄公,给取了一个极有歧视性的小名——"寤生",意思是倒着生出来了,而对共叔段宠爱有加。甚至想废掉郑庄公,立共叔段为太子。由于郑武公的阻拦,而没有得逞。

郑庄公在武公死后继位。姜氏见扶植共叔段继位的计划失败,便替共叔段请求庄公把"制"这个地方封给共叔段,庄公毅然拒绝了,原因是这个地方凶险,不吉利。后来武姜又要求庄公把京邑封给共叔段,庄公欣然应允。事实上京邑这座城面积超过300丈,城墙很高,易守难攻,人口众多,共叔段拥有此城极有可能危及郑国的安全。

郑国大夫知道后立即向郑庄公进谏反对把这座城池封给共叔段,因为按照惯例分封的都城方圆超过300丈的就会危及国家,按照先王的制度规定国内大城不能超过国都的三分之一,中城不能超过国都的五分之一,小城不能超过国都的九分之一。现在封共叔段在京邑是不合制度的,日后会难以控制他。郑庄公回答道:"这是我母亲要求的,我不能让她不高兴。"

郑大夫说:"姜氏哪有满足的时候,不如现在及早处置她,以免以后滋生祸事无法解决。"郑庄公沉思了一会儿说:"多行不义必自毙,我们先等着吧。"共叔段到了京邑以后,不满足于现状,他把城池逐渐扩大,把郑国的西边北边也据为己有。郑国公子吕看到这种情况后非常着急,对庄公说:"一个国家不能有两个国君,请您早下决心要么把王位传给共叔段,要么除掉他,不要让人民有二心。"

庄公回答道:"你不用担心,也不用除掉他,他迟早会自陷祸端。"此后,共叔段不仅没有收敛,反而把他的势力范围向东北扩建到与卫国接壤。此时,子封又来见庄公:"再不除掉共叔段,任由他扩大土地,他就要得到民心了。"但郑庄公并没有采纳他的建议。共叔段见郑庄公步步退让,以为庄公怕他,更加有恃无恐。他开始修整城墙,收集粮草、准备武器,并与母亲姜氏约定日期打开城门,企图偷袭郑国都城,谋夺王位。

事实上,庄公对共叔段早有防备,当他得知共叔段与母亲姜氏约定的行动日期后,就命大将子封率领二百兵将提前进攻京邑,历数共叔段的叛君罪行。共叔段弃城逃跑,后来畏罪自杀。

贪婪没有给共叔段带来梦寐以求的王位,却把他带向了万劫不复的深渊,昔日的荣华富贵也都成了过眼云烟。"人心不足蛇吞象",多么贴切的比喻。共叔段本是一个王侯,一人之下万人之上,多少人会羡慕他的地位与财富,但他却只看到了在他之上的郑庄公所拥有的一切。

深海里,一只小鲨鱼长大了,开始和妈妈一起学习觅食,它逐渐学会了如何捕捉食物。妈妈对它说:"孩子,你长大了,应该离开我去独自生活。"鲨鱼是海底的王者,几乎没有任何生物能伤害,所以虽然妈妈不在小鲨鱼的身边,但还是很放心。它相信,儿子凭借着优秀的捕食本领,一定能生活得很好。

几个月后,鲨鱼妈妈在一个小海沟里见到了小鲨鱼,它被儿子吓了一跳。小鲨鱼所在的海沟食物来源很丰富,它就是被鱼群吸引到这里的,小鲨鱼在这里应该变得强壮起来,可是它看上去却好像营养不良,很疲惫。

究竟出了什么问题呢,鲨鱼妈妈想。它正要过去问小鲨鱼,却看见一群大马哈鱼游了过来,而小鲨鱼也来了精神,正准备捕食。

鲨鱼妈妈躲在一边,看着小鲨鱼隐蔽起来,等着马哈鱼到自己能够攻击到的范围。一条马哈鱼先游过来，已经游到了小鲨鱼的嘴边，也丝毫没有感觉到危险。鲨鱼妈妈想，这下儿子一闭嘴就可以美餐一顿，可是出乎它意料的是，儿子连动也没有动。两条、三条、四条，越来越多的马哈鱼游近了，可是小鲨鱼却还是没有动，盯着远处剩下不多的马哈鱼，这个时候小鲨鱼急躁起来，凶狠地扑了过去，可是距离太远，马哈鱼们轻松摆脱了追击。

鲨鱼妈妈追上小鲨鱼问："为什么不在马哈鱼在你嘴边的时候吃掉它们？"小鲨鱼说："妈妈，你难道没有看到，我也许能得到更多。"

鲨鱼妈妈摇摇头说："不是这样的，欲望是无法满足的，但机会却不是总有。贪婪不会让你得到更多，甚至连原来能得到的也会失去。"

其实我们每个人又何尝不是如此呢？生活在当今社会上，有些时候，得不到的原因不是你没机会，而是你的欲望太膨胀，来不及对自己喊停。《大学》中有句话叫"止于至善"，是指人应该懂得如何努力达到理想的境地和懂得自己该处于什么位置是最好的，做到了这一点也就做到了知足常乐。

魔力悄悄话

欲望的链条是环环相扣的，实现了一个还会连着下一个，如果我们对自己的欲望不加以约束，眼光永远盯着一些自己没有的东西，我们的烦恼将是无止境的。相反，如果你能真正做到知足常乐，人生会多一份从容，多一些达观。

有舍才有得

有位居士向禅师诉苦："我的妻子非常吝啬，不但对慈善事业毫不关心，甚至连亲戚朋友遇到困难也不肯接济。请禅师去我家开导开导她。"

禅师就和这位居士来到他家中。果然，居士的妻子十分抠门，仅仅给禅师倒了一杯白开水，连一点点的茶叶也舍不得放。禅师并不计较，不过，不知为什么，他用两个拳头夹着杯子喝水。

居士的妻子扑哧一声笑了。

禅师问她笑什么？她说："师父，你的手是不是有毛病？怎么总是攥着拳头？"禅师问："攥着拳头不好吗？我若是天天这样呢？""那就真是毛病了，天长日久，就成了畸形。"

"哦"禅师像是恍然大悟，伸开手，却又总是挓挲着五根指头，干什么也不肯合拢。

居士的妻子又被他的滑稽模样逗乐了，笑着说："师父哎，你的手总是这样，还是畸形啊！"禅师点点头，认真地说："总是攥着拳头或总是伸开巴掌，都是畸形。

这就如同我们的钱财，若是只知死死攥在手里，总也不肯松开，天长日久，人的思想就成了畸形；若是大撒手，只知花用不知储蓄，也是畸形。钱，是流通的，只有流转起来，才能实现它的价值。"

居士妻子的脸红了。因为她明白了。禅师所做的一切，都是变相在鞭笞她吝啬悭贪。道理虽然她知道，但总觉得受了挫折，想给禅师出个难题，从面子上搬回来。

这时，她家养了一个小猴子跑了进来。她灵机一动，将小猴抱起来，对禅师说："大师你看这小猴子多可爱呀，跟我们人类的模样差不多。"禅师开玩笑说："它比人多了一身毛，若肯舍弃，就可以做人了。"居士的妻子说："您法力无边，请想方法把它变成人吧。"

居士一边训斥妻子荒唐,一边向禅师道歉。谁知,禅师认认真真地说:"好吧,我可以试试看。不过,能不能变成人,主要看它自己。"禅师于是伸手拔了一根猴毛。小猴子痛得吱吱乱叫,从女主人怀里挣脱出来,逃之夭夭,不见踪影。

禅师长长叹了一口气,摇着头说:"唉,它一毛不拔,怎么能做人呢?舍得舍得,有舍才有得;丝毫不舍,如何能得?"

人生苦短,要想获得越多,就得放弃越多。那些什么都不放弃的人,是不可能有多少获得的。

其结果必然是对自身生命的最大的放弃,让自己的一生永远处在碌碌无为之中。

在我们的生命中,有时候我们必须做出困难的决定,要么安逸地死去,要么冒险来换得新生。

一个顽皮的小孩在玩耍时,把手伸进了收藏架上摆放的一个花瓶里。那不是普通的花瓶,是一件印着精美青花的瓷器古董。糟糕的是,当他想把手抽回来时,却怎么也拔不出来了。

这下可急坏了家长,男孩的父亲试着帮他拔了几次都无济于事,便想到了司马光砸缸的应急智举。父亲想把瓶子砸碎,好让儿子的手"解套",可是花瓶太稀有名贵了,让父亲难以取舍。

最后,小孩的父亲决定孤注一掷,再试最后一次,不行就忍痛砸瓶,毕竟救人是大事。

父亲说:"孩子,你把手伸直,五指并拢,使劲往外拔,就像我这样。"父亲边说边给儿子做撑开掌再捏拢的示范。

小孩却大叫:"爸爸,我不能那样做,如果我松开手,那枚硬币就会掉进瓶里。"

父亲哑然失笑,终于明白了儿子的手拔不出来的真正原因。一枚微不足道的硬币,差点毁了一件名贵的藏品。这个平淡无奇的故事把"取"与"舍"的含义诠释到了极致。

我们很多时候就像这个小孩一样,不舍得放弃眼前的一点利益,最终只会导致我们事业和人生的失败。面对诱惑需要明智,该得时你便得之,该失去时你要大胆地让它失去。

有时你以为得到了,可能却会失去了更多;有时你以为失去了,也许有可能获得许多。

魔力悄悄话

放弃是一门艺术。在物欲横流的今天,既需要你作出选择,而更多的则是放弃。与其说是抉择得当,不如说是放弃得好。舍得,有舍才有得。也唯有学会取舍,才能在这充满机会与诱惑的时代立于不败之地。

万言道不尽的是非，何必沾染

古代有个尤翁，在城里开了一家典当铺。有一年年底，他忽然听到门外有一片喧闹声，便整整衣服到外面看看发生了什么事。原来，门外有位穷邻居正和自己的伙计拉拉扯扯，纠缠不清。站柜台的伙计愤愤不平地对尤翁说："这个人将衣物押了钱，却空手来取，我不给他，他就破口大骂。您说，有这样不讲理的人吗？"

门外那个穷邻居仍然是气势汹汹，不仅不肯离开，反而坐在当铺门口。尤翁见此情景，从容地对那个穷邻居说："我明白你的意图，不过是为了度年关。这种小事，值得争得这样面红耳赤吗？"

于是，他命令店员找出那位邻居的典当物，加起来共有衣服、蚊帐四五件。尤翁指着棉袄说："这件衣服御寒不能少。"又指着外袍说："这件给你拜年用。其他的东西不急用，还是先留在这里，等你有钱再来取。"那位穷邻居拿到两件衣服，不好意思再闹下去，只好离开了。

谁知，当天夜里，这个穷汉竟然死在别人的家里。原来，穷汉和别人打了一年多的官司，因为负债过多，不想活了。但是，死后他的妻儿将无依无靠，于是他就服了毒药，故意寻衅闹事。

他知道尤翁家富有，想敲诈一笔安家费，结果尤翁以圆融的手法化解了，没成了他的垫背者，于是他就转移到了另外一户人家里。最后，这户人家只有自认倒霉，出面为他发落丧葬事宜，并赔了一笔"道义赔偿金"。

事后有人问尤翁，难道是事先知情才这么容忍他。尤翁回答说："凡是无理挑衅的人，一定有所妖讹。如果在小事上不能忍耐，那么灾祸就会立刻来了。"所谓"得饶人处且饶人"，尤翁并不是先知，而是他懂得做人要忍耐，要远离是非。

孔子曾经说："君子不立于危墙之下。"做人要远离是非纷争，否则难有清静的生活。对于是非纷争，越是在乎它，想改变它，它就越大、越乱。最好的办法就是避开它，它就无计可施了。

一个年轻女子来到罗马牧师圣菲利普面前倾诉自己的苦恼。圣菲利普很快明白了这位年轻女子其实心地不坏，只不过喜欢说三道四，常常议论别人，说些无聊的闲话。这些闲话传出去后就会给别人造成许多伤害。圣菲利普说："你不应该谈论他人的缺点，我知道你也为此苦恼，现在我命令你要为此赎罪。你到市场上买一只鹅，走出城镇后，沿路拔下鹅毛并四处散布。你要一刻不停地拔，直到拔完为止。你做完之后就回到这里来告诉我。"

年轻女子觉得这是一种非常奇怪的赎罪方式，但为了消除自己的苦恼，她一切照办。

她买了一只鹅，走出城镇，一路走，一路拔下鹅毛。然后她回去告诉圣菲利普所做的这一切。圣菲利普说："你已完成了赎罪的第一步，现在要进行第二步。你必须回到你来的路上，捡起所有的鹅毛。"年轻女子为难地说："这怎么可能呢？在这时候，风已经把它们吹得到处都是了。也许我可以捡回一些，但是我不可能捡回所有的鹅毛。"圣菲利普说："没错，我的孩子。那些你脱口而出的闲话不也是如此吗？你不也常常从口中吐出一些愚蠢的谣言吗？你有可能跟在它们后面，在你想收回的时候就收回吗？"年轻女子说："不能，神父。""那么，你想过没有，"圣菲利普说，"当你想说别人的闲话时，能不能闭上你的嘴，不要让这些邪恶的羽毛散落路旁呢？"

常说是非者必是是非人，要远离是非，首先自己不能传播闲言碎语，搬弄是非。平常生活不积口德，逞一时口吐莲花、妙语连珠之能，图一时之快。轻则导致无风生浪，让是非烦恼扰乱身心，重则伤害别人，成为杀人不见血之刀的祸首。

某公司有一个女孩叫爱丽丝，平日只是默默工作，并不多话，和人聊天总是微微笑着。有一年，机关里来了一个好出风头的女孩儿劳拉，很多同事在她主动发起攻击之下，不是辞职就是请调。最后，矛头终于指向了爱丽丝。某日，劳拉点燃了火药，噼里啪啦一阵，谁知爱丽丝只是默默笑着，一句话也没说，只偶尔问一句："啊?"最后，劳拉只好主动鸣金收兵，但却气得满脸通红，一句话也说不上来。过了半年，劳拉终于无处找碴，自己调走了。

对于爱讲是非的人，最好的办法就是保持沉默。沉默是对谎言、是非的最有力回击。

魔力悄悄话

一位大智者说："当事情已经黑白不分时，就沉默吧！否则只会越描越黑，成为别人茶余饭后的谈资，已经混浊的水，何必再费力去搅。越搅只是越黑而已，越是澄清反而适得其反。"如果陷入其中，就会落的剪不断，理还乱，筋疲力尽、无计脱身，最后丧失生活的快乐，为生活和事业带来阻碍。

诱惑可以是动力,太重就是累赘

美国心理学家曾经做过一个经典的"延迟满足效应"实验,在美国得克萨斯州镇的一个小学的校园里,其中一个班的 8 名学生,被老师带到了一间很大的空房里。随后,一个陌生的中年男子走了进来。他一脸和蔼地来到孩子们中间,给每个人都发了一粒包装十分精美的糖果,并告诉他们:这糖果属于你,你可以随时吃掉,但如果谁能坚持等我回来以后再吃,那就会得到两粒同样的糖果作为奖励。说完,他和老师一起转身离开了这里。

时间一分一秒地过去了。这颗糖果对孩子们的诱惑也越来越大,几乎不可抗拒。有一个孩子剥掉了精美的糖纸,把糖放进嘴里并发出"啧啧"的声音。受他的影响,有几个孩子忍不住了,纷纷剥开了精美的糖纸。但仍有三分之一的孩子在千方百计地控制着自己,一直等到 40 分钟后那个陌生人回来。当然,那些付出等待的孩子得到了应有的奖励。

研究人员进行了跟踪观察,发现那些以坚韧的毅力获得两颗糖果的孩子,长到上中学时表现出较强的适应性、自信心和独立自主精神;而那些禁不住软糖诱惑的孩子则往往屈服于压力而逃避挑战。在后来几十年的跟踪观察中,也证明那些有耐心等待吃两块糖果的孩子,事业上更容易获得成功。

有个爱金如命的皇帝,他搜刮了全国的金子,为自己造了一座金城。又在里面建了一座金宫。连宫里的器具都是金子做的。皇帝喝酒用的是金杯、金壶。吃饭用的是金碗、金筷子,桌子上的灯、笔和烟壶,统统都是金子做的。这位皇帝仍不满足,他还披着金袍子,戴金帽子,穿金鞋子。他甚至还把好端端的牙敲掉,镶上满嘴的金牙。但是皇帝仍不满足,他还想得到更多的金子。可是老百姓的钱财已被他剥削得没有一点剩余了,于是他贴出布告,要聘请有"点金术"的人,教他学点金术。

有一天，京城里果真来了一个会点金术的"神人"。这个人的手指头碰上什么东西，什么东西就立刻会变成金子。在皇帝的再三要求下，这个"神人"最后把点金术教给了皇帝。皇帝高兴极了，连忙跑到花园里去试验。在他面前果真出现了奇迹——手指头点到什么，什么就立刻变成金的。皇帝看见心爱的女儿来了。便高兴地用手去摸她的头。不料。公主立刻就变成了不会动的金人。他又伸手去给皇后擦眼泪。结果，他一碰到皇后，皇后一瞬间也变成了金人。吃饭的时间到了，皇帝高兴地端起碗要喝汤，碗变成了金碗，汤变成了金汤。他想吃糖饼，糖饼变成了硬邦邦的金饼。他想吃鱼，鱼也变成了金鱼。晚上他去睡觉的时候，手刚一碰到枕头，枕头变成了坚硬的金块，险些把他的后脑勺碰坏。他刚盖好被子，柔软温暖的被子变成了冷冰冰的金板，压得他喘不过气来……这个爱金不要命的皇帝，就这样，不能吃，不能喝，不能睡。最后，他守着数不尽的金子。在饥寒交迫中死去了。

点石成金的皇帝是可悲的，但是我们生活中有许多人因为欲望太多，欲望的沟壑永远也填不满。想得到更多东西，反倒把现在所拥有地失去了。最后得不偿失，以惨剧收场。

有一个老方丈分三天派三个小沙弥到某个山涧去采药。第一个小沙弥一走进那个山涧，马上被遍地的天然美玉迷住了，他想到美玉是可以雕刻佛像的，就喜出望外地捡了许多回来了。老方丈含笑表扬了他，并嘱咐他暂时不要把捡到美玉的事说出去。

第二个小沙弥一步入那个山涧，也马上发现了那些非常漂亮的美玉，他想到美玉是可以雕刻菩萨的，就非常激动地捡了一大包回来了。老方丈也含笑表扬了他，也嘱咐他暂时不要把捡到美玉的事说出去。

第三个小沙弥来到山涧之后，就开始抱怨前面的两个沙弥：这么多的美玉不捡不是有眼无珠吗？若用这样的美玉做成念珠，岂不完美无比？于是，他抱着沉甸甸的美玉回来了。为了不独占这份"功劳"，他邀上前面的两个小沙弥一块去见老方丈。可是，老方丈迟迟下不了床，病得很重。

三个小沙弥就非常惊恐、非常关心地问方丈这是怎么了，老方丈说："我病了三天了，可是，手握你们仨为我采来的美玉，一点儿也不起作用，而且越来越重了。"直到这时，三个小沙弥才意识到他们在美玉面前居然忘记了自己是去干什么的。

我们往往就像小沙弥一样在诱惑面前失去了自己的目标，只把目光放在了眼前，为了一时之欢成了诱惑的俘虏。但是这样做的结果却是要在之后的日子里承受长久的痛苦，所以我们必须要直面诱惑，冷静地思考，理清头绪，从小事上防微杜渐。

在这个物质丰富的年代里，越来越多的人在诱惑面前缴械投降，用奢侈品来炫耀自己，奢求通过这种渠道向社会高级阶层靠拢。更有人把模仿他人和另类当成独特的个性来标榜。物质、欲望充斥着我们的社会，挑战着我们人性的弱点。

无论在学习、工作、生活中，我们都难免会有种种烦恼，这很正常，烦恼是人之常情。法国作家罗曼·罗兰认为人烦恼、迷惑的原因是"实因看得太近，而又想得太多"。

有一个耄耋老人，留着一副花白的胡须，足有一尺多长，人称"美髯公"。老人也以此为自豪，没事的时候经常精心梳理和抚摸自己的胡须。有一天，老人在门口晒太阳，过来一个小孩，歪着脑袋看了一会儿，问道："老爷爷，您这么长的胡子，晚上睡觉的时候，胡子是放在被子里面，还是放在被子外面呢？"老人一时答不上来。

晚上睡觉的时候，老人就想起了白天小孩问他的话。他先把胡须放到被子外面，觉得不安；他又把胡子放到被子里面也觉得不舒服。这样，老人一会儿把胡须拿出来，一会儿又把胡须放进去，一整夜他都没想出怎么放胡须好，甚至连以前睡觉的时候，胡须到底是怎么放的也弄糊涂了。老人为自己的胡须烦恼不已，病倒了，儿孙们纷纷猜测老人可能是不行了。

直到有一天，老人的小女儿从国外归来，给他带回来一副髯托。老人见了髯托，忽然从床上坐起来，说："哈哈，好了，好了！"从此以后，老人每当吃饭、睡觉的时候，就用髯托把美髯托起来，这样可方便多了，他再也不愁怎么放胡须的问题了。老人鹤发童颜，美髯飘逸，俨然年轻了许多。

其实所谓的烦恼皆由心生，就像老人一样，之前从未想过、在意过自己的胡须睡觉的时候放在什么地方。小孩的疑问让他突然过于关注这个问题,烦恼自然就产生了,自己本来的快乐与祥和也不复存在了。烦恼是一个古怪的东西,你若执着妄想去想,再小的烦恼也会瞬间变大。反之,再大的烦恼,你若视而不见,能及时放下,它也会自动消失。

有一个中年人,年轻时努力奋斗,家庭事业虽然都有了基础,但是却突然觉得生命空虚,彷徨而无奈,而且这种情况越来越严重,最后不得不去看医生。医生听完他的话,开了四个药方给他,对他说:"你明天9点钟以前一个人到海边去,不要带报纸杂志,不要听广播,到了海边,分别在9点、12点、3点、5点,依序各打开一个药方,你的病就会好的。"那位中年人将信将疑,但早上还是依照医生的嘱咐来到了海边,看到晨曦中的大海,心灵为之一震,心情也跟着变得轻松了。9点整,他打开第一个药方,上面写着"谛听"二字。于是他坐下来,倾听风的声音、海浪的声音,他感受到自己的心跳与大自然的节奏是那么的协调,很久没有这么安静地坐下来听了,他的身心仿佛得到了清洗,突然觉得很舒畅。12点,他打开第二个药方,上面写着"回忆"二字。他开始回想从前:童年时的无忧无虑、青年时的艰辛努力;父母的慈爱、朋友的关爱,生命的力量与热情又重新被点燃了。

到了下午3点,他打开第三个药方,上面写着"检讨你的动机"。他想起早年创业时,自己怀有远大的理想,为了追求人生的福祉,他热诚地工作。可等到事业有成了,全然忘记了当初的信念,只顾着赚钱,失去了经营事业的快乐,又由于过于自我,也不再关心别人的冷暖。想到这里,他已经有所感悟。

到了黄昏,他打开最后一个药方,上面写着:"把烦恼写在沙滩上。"他走进离海最近的沙滩,写下了他的烦恼,可是一波海浪立即淹没了它们,洗得沙上一片平坦。他愣住了。他顿时悟出了生命的意义。在回家的路上,空虚与彷徨也消失得无影无踪,他再度恢复了生命的热情与活力。

对于烦恼,要把它写在沙滩上,要学会忘却、学会放下。唯有放下外物的纠缠,方有真性情的流露,才能成为自己的主人,呈现生活自然的本色。放下就意味着解脱,放下就意味着心灵得到了大自由。

一个小沙弥,负责清扫寺院的落叶。在秋冬之际的清晨起床扫落叶实在是一件苦差事,每天早上都需要花费许多工夫才能清扫完毕,这令小沙弥烦恼不已。这天,一个行脚僧对他说:"你在明天打扫之前先用力摇树,把落叶统统摇下来,后天就可以不用扫落叶了。"小沙弥觉得这是个好办法,于是他起了个大早,使劲地摇树,想摇掉今明两天要凋零的树叶,省得明天再扫了。这一天,小沙弥过得非常开心。可是第二天早晨起床后,小沙弥到院子一看,不禁傻了眼:院子里如往日一样满地落叶。这时,住持僧走了过来,对小沙弥说:"无论你今天怎么用力,明天的落叶还是会飘下来。只有放下心头的烦恼,才能将每天的工作变成一份快乐的修行!"

烦恼是痛苦的根源,而人生有太多的烦恼,我们可以选择将它一一扛在肩上,也能选择潇洒地放下它们,给心灵放个假。想忘却人生的不顺遂,唯一的方法就是放下烦恼。能够把自己从痛苦的地狱拯救出来的,绝对不是别人,只有我们自己。虽然烦恼太多,但至少还有选择放下的权利,放下所有让心灵不轻松的东西,最终才能达到一种自在的境界。

放下烦恼,不是消极的遁世,也不是逃避责任,而是一种处世的态度。能放得下是智慧,是认清了生命本质后的释然,也是一种对世界的通透和豁达,是一种对人生的豁然开朗后的喜悦。

魔力悄悄话

虚荣浮华,纸醉金迷,光怪陆离,对诱惑的屈服直接导致的就是不同程度的堕落。诱惑能够考验人们的意志力,只要你向它屈服了一次,抵制诱惑的能力就会变得越来越薄弱。所以我们要用强大的意志力勇敢地去抵制诱惑,并把这种果断和坚毅变成一种良好的习惯。让烦恼如云一样飘过

淡泊物欲,走向和谐

欲望催人毁灭,令人疯狂,让人在无止境的追逐中堕落。

欲望源自心灵,而心灵上的空虚和对事物认知的歪曲而引发的盲目的渴望,才是直接导致人们的欲望永远无法填平的根本原因。

人们往往在追逐到了自己需要的物质之后,慢慢地发现,自己其实没有改变太多,也没有那种在成功之前想象中的幸福和喜悦。于是成功后的失望和幻想与现实的反差让人们错误地以为,是自己追求得还不够多。于是人们顾不得在这个时候休息,就马上投入到下一场追求与拼搏之中。

如此一来,生命就成了一种负担,套上欲望枷锁的人生是沉重的。

如果你不想成为欲望的奴隶,就要拥有一颗平常心,能够淡然地面对大千世界里的浮华与平淡,能够怡然地处在这个物欲横流的年代里,这样才是和谐的人生。

一、欲望产生不满

想要让自己在十分和谐的心态和有幸福感的状态下生活,就必须能够发现生活中的美好和幸福,并且知道,任何一个人或者是一个家庭,都有其本身的麻烦和不完美。我们既不应该认为别人的生活才是幸福和完美的,也不应该认为自己的生活是糟糕、不幸福的。和谐,更多地取决于你的心态。

欲望让人产生不满。一个一味地追求物质享受,却忽略了自己现在所拥有的东西的人,他一定不会幸福。我们的眼睛会因为欲望而失明,不但看不见自己的幸福,而且找不到自己的归宿。

有一天，一只小鱼浮出水面，它与波浪在海面上追逐、嬉戏，随着波浪上下起伏，汹涌前进。小鱼问波浪每天是否都这样过着刺激的生活。波浪说："岂止是每天，每一刻都是！有时候狂风暴雨，那更刺激呢！"

小鱼兴奋地说："真希望我也变成一个波浪，每天可以随风雨、潮汐流动，过这么刺激的生活。"

小鱼在波浪里玩了没多久就觉得有些累了，便对波浪说："波浪，我想到海底安静一会儿，你跟我一起去吧？"波浪没来得及回答就被一个大浪冲走了。小鱼只好潜到海底休息去了。

小鱼每天都要和波浪一起做游戏，可是每一次它让波浪和它一起到海底去，波浪没回答就被冲走了。小鱼下定决心要问明原因，它于是又问波浪，问完后便紧紧地牵着波浪的裙子，跟着被冲到很远。

波浪告诉小鱼："我也很想到海底安静一下，可是不行啊！我一到海底就会死去。而且我也是身不由己的，总是被后面的推着前进。一起风，跑得都快累死；潮汐一变，全身都在发颤。我真希望自己是一条小鱼，还可以潜到水底休息休息……"波浪没说完，就被一个大浪打了几丈高，小鱼吓得一溜烟钻进了海底。

"像波浪这样生活实在是太可怜了，不能休息，还不能自主。还是做一条小鱼比较好！"小鱼自言自语道。

有的人总是在不断羡慕别人，甚至以为别人的生活才是最美好的，所以会一直对自己的生活状况不满意。他们总是拿自己的不如意和别人的舒适相比，这样比较的后果只能是给自己寻找苦恼。其实，只要正确地看待自己，善于发现自己的优点和幸福，就很容易得到满足。

想要让自己在十分和谐的心态和有幸福感的状态下生活，就必须能够发现生活中的美好和幸福，并要知道，任何一个人或者是一个家庭，都有其本身的麻烦和不完美。我们既不应该认为别人的生活才是幸福和完美的，也不应该认为自己的生活是糟糕、不幸福的。和谐，更多地取决于你的心态。

善于发现幸福，善于对自己所拥有的一切感到满足，不去作那些愚蠢的比较，幸福和和谐，就在你的身边。

在一间很破的屋子里，有一个穷人，他穷得只能够躺在一张长凳上。

"我真想发财呀，如果我发了财，绝不做吝啬鬼……"穷人自言自语地说。

这时候，上帝出现在穷人面前，说道："好吧，我现在就让你发财，我会给你一个有魔力的钱袋。"

"这钱袋里永远有一枚金币，是拿不完的。但是，要注意，在你觉得够了时，要把钱袋扔掉才可以开始花钱。"上帝又说。

说完，上帝就不见了。在穷人的身边，真的有了一个钱袋，里面装着一枚金币，穷人把那块金币拿出来，里面又有了一块。

于是，穷人不断地往外拿金币。穷人一直拿了整整一个晚上，金币已有了一大堆。啊，这些钱已经够我用一辈子了！他想。

到了第二天，他非常饿，很想去买面包吃。但是，在他花钱以前，必须扔掉那个钱袋。

他又开始从钱袋里往外拿钱。每次当他想把钱袋扔掉时，总觉得钱还不够多。

日子一天天过去了，穷人完全可以去买吃的，买房子，买最豪华的车子。"还是等钱再多一些吧。"他对自己说。

他不停地拿，金币已经快堆满一屋子了。同时，他的身体变得越来越虚弱，头发也全白了，脸色蜡黄。

"我不能把钱袋扔掉，金币还在源源不断地出来啊！"他虚弱地说。

终于，他倒在长凳上，死了。

我们想要在生活中追求一种和谐的生活状态，就不得不抑制自己的贪欲，人们常说知足常乐，只有学会知足，人才会快乐。而贪得无厌的人，或许他会得到很多，但在他失去的时候他才会发现，自己失去的要远远多于自己所得到的。

二、欲望让大厦倾覆

做一个永远在吃，却永远感觉饥饿的人，那样就会永远都吃不饱。而做

幸福——人生乐在心相知

一个吃饱了就去做事情的人，那样会很快乐！

汉灵帝当上皇帝的时候才 12 岁，在一群奸佞小人的唆使下，他贪婪地聚敛钱财。

他把国家的财政收入想方设法地变成自己的财产，还找了一批太监专门当他的保管员。最夸张的是，他居然派人在河间老家购买土地，修建别墅，想在自己当不成皇帝的时候还可以回家做地主。

后来，汉灵帝甚至开始公开面向社会出卖官爵：郡守级别的官员二千万钱；县令级别的四百万钱，关内侯五百万钱。

家境富裕的可以先交钱，钱不够的还可以先付首期，剩下的分期支付。对于国家最高级别的三公九卿等爵位，汉灵帝就不公开出售，而是通过人际关系网进行暗箱交易。但也有价格可循，其价格是公千万钱，卿五百万钱。这些官位都很高，但之所以价格并没有想象中的那么贵，是这样的职位没有太大的贪污途径，不能搜刮民脂民膏。

名人崔烈只用半价就买到了一个司徒做。而宦官曹腾的儿子曹嵩——曹操的父亲，因为家境富有，买了个太尉花了一万万钱，是普通人的十倍。

当时，所有官员的升迁和调动都是事先讲好了价钱才去上任的。但市场也有饱和的时候，经常是刚刚去了一个官员上任没几天，又有一个新的官员去上任了，有的甚至一个月就要更换好几次官员。官员们为了晋升自己的官职，不得不拼命搜刮民脂民膏，所以一到任就立刻展开工作，疯狂贪污受贿，用来打点上面的关系。这样的上梁不正，最终导致大汉王朝倾覆。

魔力悄悄话

如果你不想成为欲望的奴隶，就要拥有一颗平常心，能够淡然地面对大千世界里的浮华与平淡，能够怡然地处在这个物欲横流的年代里，这样才是和谐的人生。

第七章
幸福需不断注入能量

　　不管我们在生活中有什么样的境遇，能够活着就是最大的幸福。因为有生命就有未来。不管我们以什么样的状态存在于这个世界上，只要我们接纳眼下的状态，并积极追求健康、和平、富有，不幸就吞噬不了我们，我们就会是幸福的。

　　一个人只有不断地学习，才能提升自己的才能，提高自己对这个世界的认识，进而提高感知幸福的能力。任何一个孩子的成才都离不开良好的教育，让家长认识到这一点，并努力去实现，这不是生孩子以后才开始的事情，而是要一生一世留心家庭教育。

学习是一生的课题

有些因为个人原因落后于时代的人，一面摆出一副痛苦的样子以显示自己其实是很有上进心的，另一面又从不努力地学习新知识。与其让内心处于矛盾的煎熬中，不如安下心来学习。要知道，跟上时代的步伐，内心才会充实、快乐！

犹太人好学，连马车夫在等车的时间，都要聚在一起学习《塔木德》。这个故事在世界上是广泛流传的。

七十多年前，有一个基督教徒想在街上雇一辆马车。他环顾了一下四周，发现不远处有一排犹太人的马车。走近一看，马正在吃草，却找不到车夫。他就问在路上玩耍的小孩："车夫哪去了？"小孩回答说："在车夫俱乐部吧。"

基督教徒来到车夫俱乐部，看到在狭窄的屋子里面，车夫们都在学习《塔木德》。

连车夫们都在抓紧时间孜孜不倦地学习，那么其他的人呢？答案是明摆着的了！犹太人的好学精神也告诉我们，只要想学习，就能抓紧时间。

据统计，获诺贝尔奖的科学家中有百分之十七是犹太人，美国获诺贝尔奖的科学家中有百分之二十七是犹太人，美国每五个大学教师中有一个是犹太人，每五个大学生中也有一个犹太人，足见犹太民族素质之高。

科学家中除了爱因斯坦外，繁茂的哥廷根花园的缔造者弗兰克、两次改变了世界的伟人尼尔斯·波尔、"核和平之父"西拉德、"原子弹之父"奥本海默、"氢弹之父"特勒、天才物理学家费曼、"吞噬细胞"的权威梅契尼科夫、"控制论之父"维纳、"世界语之父"柴门霍夫等都是犹太人。

犹太经济学家同样也不乏其人，大卫·李嘉图、萨缪尔森、阿瑟·伯恩斯、海尔·布隆纳、西蒙等都是犹太人。他们所探讨的经济学课题从商业循环到投入产出分析,从微观经济学到宏观经济学,范围非常广泛。之所以犹太人中有这么多出类拔萃的佼佼者,和犹太人善于学习、勤于思索的传统是分不开的。

诺贝尔科学奖已走过百年历史,在获奖的几百名科学家中,中国本土科学家竟榜上无名。

与犹太民族相比,我们究竟差在哪里呢?在培养孩子成才的路上,我们方方面面都有着不同程度的缺憾。

中国的教育体制导致了家长、老师死命地追求分数,导致孩子失去了玩耍、创新的机会,思想禁锢在标准答案上;在当下的科研体制下,科研经费向"长"字派倾斜,而这些人行政事务缠身,难以静下心来搞科研,而那些真正有时间搞科研的教授,却争取不到经费;在人才选用上还是遵照着老一套的"学而优则仕",导致很多研究人员专职做了行政后,科研水平倒退。由此看来,要想在科学的最高殿堂有所收获,我们的教育、科研环境是需要大大改善!

犹太民族非常善于把知识用在经商上。犹太商人的知识面很广,眼界很开阔,他们大多是先通过钻研成为某一行当的行家里手,然后从容地走上经商之路的。学识渊博不仅提高犹太商人的判断力,还提高他们的修养和风度,从而增强自己的信心和客户的信赖,使得他们在投机、冒险、垄断、创新等领域成功率都很高。

魔力悄悄话

犹太人为什么这么爱学习呢?因为他们懂得知识就是财富,更享受到了成功地把知识转化为财富后的荣耀。在现代社会,这种重视教育、善于学习的回报就是知识和金钱。从总体上看,各地的犹太社团总能保持高于其他社团的生活水平。在这一点上,犹太人足以傲视全世界。

接受并重视家庭教育

什么样的教育最适合孩子成才呢？这恐怕是个最根本的问题，也是最令家长头疼，甚至寝食难安的事情。在寻求答案的过程中，我们不妨借鉴一下犹太民族的教育观，以让我们的亲子相处之路更顺畅一些。

犹太教是犹太民族的生活方式及信仰，为历经磨难的犹太民族提供精神动力和道德支持。犹太先哲把教育当成和信仰一样神圣的事情，足见他们是多么崇拜教育、重视教育。

犹太人非常重视对孩子的培养和教育。据一些从美国回来的学者说，今天的美国，最注重学习的，把学校办得最好的还是犹太人。有统计数字表明，美国犹太人中受过高等教育的人所占的比例，是整个美国社会平均水平的五倍。

一个民族对待知识和文化的态度决定了它的眼界和发展，犹太民族过着令人艳羡的生活，与他们把教育看得和宗教一样神圣的文化态度密不可分。

当一个犹太小孩上学的时候，他就经常被父母和老师鼓励提问题。他放学回家之后，他的妈妈就会问他："鲍比，你今天在学校向老师提问题了吗？提什么问题呢？"小孩子说："我问老师，为什么鱼是用鳃呼吸，不是用鼻子呼吸呢？它的鼻子在哪里呢？我过马路的时候，为什么红灯总是亮的？为何玛丽老师今天穿了一件咖啡色的裤子呢？"

孩子跟妈妈讲述这些的时候，妈妈们并不觉得孩子的问题小儿科，而是表扬孩子问得不错。因为妈妈知道，随着孩子思维的发展，他们的问题也会升级的！果不其然，很快，这些孩子的问题就让人很难回答了，甚至一些专业的教授也无法回答了！这下，家长们可达到目的了！犹太家长们如此煞费苦心地鼓励孩子提出问题，就是为了让孩子养成思考的习惯。因为在他们看来,思考是求得知识的开始。

孩子提出问题的时候,我们常常表现出一副不耐烦的样子,盯着孩子说:"哪儿来那么多为什么,一边玩去!"孩子针对某个问题发表了不同意见,家长不是充耳不闻,就是大喝一声:"小孩子懂什么!听大人说!"如此这般,孩子一生都难以突破父母的成就。

犹太民族非常重视锻炼孩子的独立思考能力,犹太男孩一到十三岁,就要参加被称为"巴·米茨瓦赫"的成人礼仪式,自己选择《圣经》中的一节,在众人面前宣读。不仅是读,还必须阐述自己对这节经文的解释,以此促使孩子思考,发表出自己的独立见解。

可是,眼下的很多孩子,在这个年龄却正在为了考个好点的中学辛苦地奔波于各个辅导班、奥数班、特长班,没有思考的时间,没有展示自我的空间,自我学习能力在辅导老师目的明确的精细灌输中一点点枯萎了下去,最终失去了自我思考、自我表达、自我审视的能力。

无论是祖国还是家庭,都希望当下的年轻人能够像犹太人那样精明、智慧、懂得学习,那么,就学习犹太人的教育方式,让孩子多玩耍、多提问、多思考、多自学,而不是在"学前教育""精英教育"的屠刀下失去创新能力。

魔力悄悄话

教育是一种习得,在教育活动中,要实现增进人们的知识和技能、影响人们的思想品德的目的。这些做到了,人口素质也就提高了,国家也就强盛了。犹太民族早早认清了这一点,并努力把这些做到最好。他们没有把目光盯在孩子考了多少分上,而是聚焦在孩子的智力发育、习惯培养上。

死读书,连神都不能宽恕

《塔木德》说:"如果一个犹太人完全与一切世事脱离,只是用功学十年的话,十年后他就不能向神祈求宽恕了。"

这句话,跟我们汉语里"两耳不闻窗外事,一心只读圣贤书"有一样的讽喻、警示意味。

刚刚毕业于名牌大学的学生,可谓风华正茂,正是翱翔于社会的蓝天下施展才华的时候。可是一名毕业于中国政法大学的毕业生却因为买错车票到了南昌,因为找不到工作而流落街头,整天过着食不果腹、衣衫褴褛的日子。

犹太民族的睿智真的是令人佩服。犹太民族是一个爱读书、爱学习的民族,他们经常告诉孩子:"书是人生命的东西。"他们把书与生命连接在一起,足见对书有多么的重视。从孩子出生以后,他们就把蜜糖沾在书上,以让孩子感觉读书是一件甜蜜的事情。他们认为:学习是上帝赋予人的权利和义务;真正的知识是甜蜜的,并且是一种智慧,学习必须和现实生活紧密结合。

古代的犹太人非常爱书,直到将书籍看得破旧得不能再看了,就挖个坑庄重地将书埋葬,这时候他们的孩子总是要参与其中。犹太民族是经历过浩劫的民族,当他们流离世界各地时,都没有忘记对子女说这样的一句话:"我们以色列犹太人没有其他办法,连国家都没有,唯有比别人多读书。"正是因为这个民族的每个人都重视读书,才塑造出了一个在世人眼中最聪明的民族。

犹太人重视读书,但并不死读书。他们除了支持孩子去上学外,还鼓励孩子自学。但是,他们并不因为倾向于让孩子读书而放弃对孩子生活能力的培养。在很多的犹太家庭里都没有免费的食物和照顾,任何东西都是有价格的,孩子们需要靠自己的劳动获得想要的东西。犹太孩子很小就被灌输了一个道理，那就是："从小必须学会赚钱，只有通过劳动，如帮父母做事或外出打工，才能获得自己需要的一切。"谁都知道，赚钱是要付出代价的，钱是靠能力换来的。而犹太人从来不觉得赚钱是一个需要达到一定年龄才能开展的活动，犹太家长从小就把这个理念通过一点一滴的实际行动落实到孩子的成长过程中去。在这个过程中，孩子的智力因素和非智力因素都获得了锻炼，这样的孩子还会迷失在路上，把火碱泼到动物的身上吗？

所以，当下的家长在养育孩子的时候，绝不可以一味地让孩子学习，考高分，因为只有让孩子从小全面发展长大后才能成为高素质的人才。所以，不妨学习犹太人的教子方式，爱读书但不死读书。

魔力悄悄话

爱因斯坦说：能忘掉在学校学到的知识，学到了其他的东西，才算是教育。因为在校园里或者说一味读书接受的只是最基础的教育，学到的只是书本上的知识。要想真正学到人生最有用的知识，就要自己去感悟，在实践中获得经验与灵感。

"贵人"的影响力

环境影响人,环境造就人。人为什么容易受到周围环境的影响呢?因为环境是一个人生存的必要条件,所以一个人总是希望被环境认同,被认同就会被影响。

环境不同,对人的影响也不同。有"贵人"的环境带给人的是积极的、正面的影响,能够提升一个人的幸福感。

一位普通的服务生,与大企业家福特、记者迈克有了短时间的接触,却从他们身上学到了成就自己一生的好品质,那就是无论事情大小,都要认真对待。

迈克是纽约一家小报的普通记者。一个周末,他在一家不大的酒店里看见几位身份显赫的企业家从一个房间里走出,其中一位是福特。福特手里拿着一张菜单走向服务生,微笑道:"小伙子,你看看是不是有一点儿误差。"服务生很自信地回答:"没有啊。"

"你再仔细算一算。"福特宴请的几位企业家已朝门口走去,他却很有耐心地站在柜台前。

看着福特认真的样子,服务生不以为然道:"是的,因为零钱准备得很少,我多收了您五十美分,但我认为像您这样富有的人是不会在意的。"

"恰恰相反,我非常在意。"福特坚决地纠正道。

服务生只得低头花了一番辛苦凑够了五十美分,递到一脸坦然的福特手中。看着福特快步离去的背影,年轻的服务生低声嘀咕道:"真是小气,连五十美分也这么看重。"

"不,小伙子,你说错了。他绝对是一个慷慨的人。"目睹了刚才那幕情景的迈克,抑制不住地站起来,"他刚刚向慈善机构一次捐出五千万美元的善款。"迈克拿出一张两周前的报纸,将上面的一则报道指给服务生看。

服务生不明白如此大方的福特，为何还要当着那么多朋友的面，去计较那区区的五十美分。

"他懂得认真地对待属于自己的每一分钱。取回属于自己的五十美分和慷慨捐赠出五千万美元，是同样值得重视的。"

就在福特这一看似不经意的小事中，迈克忽然领悟到了自己渴望已久的成功经验，那就是——没有理由不认真地对待眼前的任何一件事，无论它多么重大或是多么微小。后来，经过多年艰苦的打拼，迈克成为美国报界的名家，而那位服务生也成了芝加哥一家五星级酒店的老板。

既然贵人对一个人的成长有如此巨大的促进作用，那么怎么寻找贵人呢？什么样的人才能算得上生命中的贵人呢？其实，到处都有贵人。伟人、名人，包括古代的、现代的、当代的，这些成就了一番事业或伟大事业的人身上，一定有值得学习的品质亮点、思想亮点、行为亮点。如果认为只有伟大人物才能带来良好的影响那就错了，其实，身边的很多普通人身上都有着积极的品质。

俞敏洪的父亲是位勤奋的木工，经常帮助村里人建造房子，每次建完房子，他都把别人不要的零碎木头、残砖乱瓦捡回家。俞敏洪不解，父亲为什么把这些破东西当成宝贝堆在院子里，乱糟糟的！有一天，父亲在院子的一角盖起了一间四四方方的小房子后，俞敏洪明白了，父亲捡砖头是为了把养在露天到处乱跑的猪圈起来。父亲大概不会想到，自己盖了个猪圈却影响了儿子一生。俞敏洪受父亲影响，从小就明白要干大事就要从小事做起。

魔力悄悄话

优秀者之所以优秀，是因为他们拥有令其优秀的性格品质。而这些品质是通过他们的行为展现出来的。和他们接触，就能从他们的举手投足、言行举止中略窥一二，学到一些成功的品质，拥有改变自己命运的幸运词语。所以说，一个素不相识的优秀者，只要有了短暂的接触，都有可能成为你生命中的"贵人"。

第八章 幸福也要靠积累

　　很多人都懂得"罗马不是一天建成的"，却很少有人做到为了建成心中的罗马而有智慧地努力。在快乐时，能让人感到幸福，在悲伤时，更能让人反思幸福。人生时时刻刻都有幸福，需要我们用心体验，人生处处都有幸福，需要我们努力抓住。

　　岸与岸没有多少距离，只要有桥，或者翅膀；山与山没有多少距离，只要有路，或者脚步；人与幸福也没有多少距离，只要有爱，或者努力，跋涉沙漠的旅人，攀登高峰雪山的勇者，他们从战胜困难到取得成功的经历中感受幸福。

拥有干大事的态度：肯做小事

有一种人瞧不起小事情，每天都在幻想着要干成一件大事，今天想这个，明天想那个，到头来什么都干不成，可谓"空留余恨在心间"。这样的人，真是可惜又可怜啊！他们只因为没有搞明白一个道理，就让人生留下了莫大的遗憾。

当一个人急于获得成功的时候，眼里只有远处的目标，看不起小事情，结果呢，大事没做成小事做不了。反倒是那些肯从小事做起的人却有了大的收获。

洛克菲勒十六岁开始为一个小商人做会计助理，因账簿做得有条不紊、精细认真，一点差错都没有，深受老板赏识；20世纪初，中国上海的一位犹太裔房地产大亨哈同到上海后的第一份工作是门卫兼清洁工，那个时候，哈同便认定自己的人生目标是超过老板，他努力工作，一年后被升任地产科领班，此后，做地产、搞教育，都做得风生水起，很快超过了老板；钻石大王彼德森十六岁到一家珠宝店当学徒，敲敲打打一丝不苟，仅五个月手艺就得到师傅的认可；股票超人约瑟夫·贺希哈十四岁的时候，做了一名办公室的收发员，中午还兼任接线生，为了接近股票，他说服了总经理，从十四岁到十七岁，画了三年的股票行情图，终于跨进了股市的大门。

当我们以仰视的目光注视这些伟人的时候，最大的发现应该是找到了那个令我们敬佩的点，即从小事做起的精神。懂得了这个道理，就会减少许多不切实际的空想。

做好小事和做好大事的道理是一样的，都需要高度负责的精神，在做事的过程中始终保持清醒的头脑、旺盛的热情，具有敏锐的判断力，能够对工作中出现的每一个变化、每一件小事迅速作出准确的反应和判断。

可见，工作并无小事，做不好小事不但成就不了大事，连做大事的机会都不会有。从这个角度来看，每一件小事也是大事。一个人只有看得起小事，才会重视小事。如果带着一种消极的心态对待"做小事"，敷衍了事，浅尝辄止，则有可能连"做小事"的机会都将丧失。

那些能够花费最短的时间成就大事的人，不是命运太好，而是他们懂得选择距离大事最近的小事去做。选准小事，就有了一个良好的开端，成功就会在某个时刻不期而至。

若干年前，在英国，一位青年在当装订书报的工人，听了当时誉满欧洲的化学家戴维的报告之后，他把所有的报告整理抄清，装上羊皮封皮，一次次邮给戴维。戴维大为感动，就请他来面谈。

这位青年很想在戴维的实验室找份工作，戴维却拒绝了，说："你年纪也不小了，什么教育也没受过，还是回到装订车间去吧！"青年人并不死心，他再次请求："不能当实验员，就让我当勤杂工吧！"

就这样，这位青年就从普通的勤杂工干起，一步一步终于当上了实验室助手，并有了一系列的创造发明。他就是被后人尊称为"电学之父"的法拉第！

魔力悄悄话

没有人可以一步登天，如果你能够认真地对待每一件事，把平凡的小事做得很好，那么你的人生之路就会越来越广，成就大事的愿望就一定能够实现。

做"有目标"的人

我们每个人都盼望着自己能有所成就,成功的那一天,我们的能力获得了认可,会非常开心。可是,很多人即使每天努力地工作,一生都没有品尝过成功的幸福滋味。这样的人,问题就出在没有为自己树立恰当的目标上。

一个人不管多么有能力,如果不能把精力集中在某一点上,可能都无法获得最大的成就。

伟大的科学家爱因斯坦的一生就是踩着目标走过来的,并且一生都没有偏离过科学这个大目标。

爱因斯坦读书的时候成绩并不出色,但是他有志向科学领域进军,他想到自己对物理和数学有兴趣,成绩较好,就确立了在物理和数学方面奋斗的目标。

爱因斯坦读大学时选读瑞士苏黎世联邦理工学院物理学专业。由于奋斗目标选得准确,没有脱离个人兴趣,就使得个人潜能得以充分发挥。他在二十六岁时就发表了科研论文《分子尺度的新测定》,以后几年他又相继发表了四篇重要科学论文,发展了普朗克的量子概念,提出了光量子除了有波的性状外,还具有粒子的特性,圆满地解释了光电效应,宣告狭义相对论的建立和人类对宇宙认识的重大变革。

他创造了高效率的定向选学法,即在学习中找出能把自己的知识引导到深处的东西,抛弃使自己头脑负担过重和会把自己诱离要点的一切东西,从而能够集中力量和智慧攻克选定的目标。为了阐明相对论,他专门选学了非欧几何知识。

爱因斯坦在十多年时间内专心致志地攻读与自己的目标相关的书和研究相关的领域,终于在光电效应理论、布朗运动和狭义相对论三个不同领域取得了重大突破。

要确立明确的目标，先要认识自己，能够对自己做一个客观的估测。问问自己，我的优点和特长是什么？

我的缺点和不足是什么？我的思维能力、反应能力、承受能力、人际关系、学习能力、创造能力怎么样？

很多刚毕业的大学生，步入社会后接连上当。两名女大学生在一家打着事业单位旗号的公司求职成功后，竟然被骗去做了三个月的足疗。一名女大学生经人介绍获得了一个年薪十五万的内衣模特的工作岗位，心中狂喜，去签合同的时候，模特经纪人对她动手动脚。经过警方调查得知该经纪人醉翁之意不在酒，本不是某大牌公司经纪人的他是在找"情人"。有的大学生，看到网上有招聘校对、编写、打字等可网上操作的工作，被诱人的劳务报酬所吸引，兴奋地交了押金，结果却联系不到对方。还有的被骗入传销的圈套。

大学生上当，大部分都是被高薪、好条件的工作所诱惑，如果大学生对自己有个清醒的认识，基于实践经验不足、就业形势严峻的现实，对未来工作的定位不超过自己的目标，不但有利于大学生整合自身资源，也利于找到与自身能力相匹配的工作。

有一名河北大学毕业的学生，名叫李延强，大学毕业后他投递了无数份简历，也收到了若干份面试通知。几经权衡，他选择了一家只有五个人的工程设计工作室。

他的理由很简单，工作室的老板一般比较苛刻，劳动强度大，能全面锻炼自己的设计能力。整整一年，他几乎是没日没夜地干，在其他几位同事的指导下完成了几个大项目。

第二年，成功进入了一家在影视圈很有地位的影视公司，待遇远远超过了那些一毕业就进入正规公司的同学。

俗话说，退一步海阔天空。

在毕业生供大于求的就业形势下,对自己的实力做个恰当的评估,选择自己能驾驭的工作,即使待遇不是最好的,只要能发展自己、历练自己,在这里练出了能力,还发愁自己的前途吗?

魔力悄悄话

俗话说,十岁认知自己的人是圣人。因为越是尽早认识自己,根据自己的特点和优势,为自己准确定位,制订自己近期的目标和长远的方向,越能使得自己的优势尽早发挥出来。即使后来目标定位有所改变,因为有了一定的积累和经历,前行的路也会变得更加顺畅,因为成长本身就是一个持续改进自己的过程。

抬头看路的人不悲催

天要下雨了，这个时候有一项紧急任务要完成，那就是把一盆和沙土混在了一起的豆粒拣出来。怎么做能够轻松而快速地捡出豆粒？有的人会一个一个地从沙土里挑拣出豆粒，选择这样做法的人思维比较单一，人可能被淋雨，豆子可能被冲走大部分。有的人则是把沙土和豆粒一起收集到筛子里，快速地过一遍就能收集到豆粒了，即使下雨也无所谓，可以先放着等雨停后再过筛子。

同样是挑拣豆粒，为什么有的人能够轻松完成，而有的人就费力不讨好呢？差别就在于是否把现实和结果联系起来了。

一个美国小伙子中学毕业之后立志做一名优秀的商人。后来他考入麻省理工学院，但没有直接去读贸易专业，而是选择了工科中最普通最基础的专业——机械。这步棋很妙，做商贸必须具备一定的专业知识。大学毕业后，这位小伙子没有马上投入商海，他考入芝加哥大学，开始攻读为期三年的经济学硕士学位。几年下来，他在知识储备上已完全具备了商人的素质。

出人意料的是，获得硕士学位后，他还是没有从事商业活动，而是考了公务员，去政府部门工作。他深知，经商必须具有很强的交往能力，何况官场险恶、仕途多变也容易培养自己机敏、老练和临危不惧的品格。在政府部门工作了五年后，他辞职下海经商，业绩斐然。又过了两年，他开办了拉福商贸公司。二十年后，拉福的资产从最初的二十万美元发展到两亿美元。这位小伙子就是美国知名企业家比尔·拉福。

"人生在世，总要有所希望。没有希望的心田，是寸草不生的荒地。" 一个人有着怎样的未来，当下过着怎样的生活与他心中的目标有着重要的关系。

举个简单的例子。

有一位小伙子,他听说在北京捡破烂都比在家乡种地强,于是扔下锄头,来到了北京。到了北京,他傻眼了。捡破烂虽然可以吃饱肚子,但是攒不下钱啊!于是,他开始打零工:擦车、搬运、跟车、保安,他都干过。等攒了一定的积蓄后,他选择了做一名快递送件员。他觉得,随着电子商务的发展,物流、快递会有很大的发展,干几年,积累一些经验,说不定还能成立自己的快递公司呢。

有了这个想法后,小伙子觉得打工的日子不再艰苦、灰暗。他除了精心做好自己的送件、收件工作外,还留心快递业务的各个环节,一一记在心里。为了能够很好地胜任老板的工作,他在工作之余读夜大,学习了计算机、管理类课程。五年后,当他听说有一家快递公司因为管理不善要转手的时候,主动上门接了下来,当上了老板。

上面这位小伙子可以说是千千万万个城市打工族中的普通一员,他们为了多挣点钱来到了大城市,从事着一份城里人不愿意从事的苦差事。几年后,这位小伙子变得不再普通了,原因在于他除了踏实工作外,还通过不断地观察自己的处境、社会发展情况、个人能力成长等,为自己确定了一个切实可行的未来发展目标。

正是因为这位年轻人一边埋首做事,一边抬头看路,仰望未来,没有在单调的生活中迷失自己,才有了从打工到自己当老板的身份地位的跨越。

其实,抬头看路的习惯,不光有利于打工族改变命运,就是对于衣食无忧、生活幸福的人来讲也好处多多了。因为,抬头看路,可以少走很多弯路,更能让自己少受伤害。

有一对青梅竹马的年轻人,他们如愿以偿结为了夫妻。丈夫通过十几年的打拼,拥有了自己的企业。他没有忘记与自己风雨同舟的妻子,尽心尽力地买了好房子、好车子,并给了女人一笔数目可观的钱当作零花钱,总之,他要让妻子生活得像贵妇人一样。

出乎意料的是,这个女人并没有靠着男人的供养享福,而是创办了自己的公司,从事起了当年为了支持男人的事业不得不放弃的旅游业。这个时候,其实男人已经对公司的一位非常知性干练的小秘书有了好感,夫妻俩的感情面临挑战。男人心里有鬼,做妻子的不可能没有察觉。但是她默默地观察着,努力经营公司的同时没有忘了关心丈夫,只是对丈夫的婚外情只字不提。

女人的公司发展顺利,这个在男人背后站了十几年的女人,重新散发出了女性的光芒。不但令周围的人刮目相看,而且大大出乎她丈夫的意料。连那位小秘书,也被她大气的光芒而折服,最后以离开的方式选择了退出。

试想,如果这个女人坦然地以女主人的姿态享受物质生活,那么,面对丈夫感情的出轨,她可能会显得无奈而被动。但是,她在牺牲、奉献之后,看清了自己后半生可能面对的困难和挑战,为了让自己不陷入痛苦的失落中,她选择了自强。在踏上自强之路后,她升华了自己,也赢得了未来。

魔力悄悄话

不停地干活,是在一种非常积极的人生态度指引下的正确做事方法,能够让人有饭吃,有房子住,踏实地生活在这个世界上。这一点,很多人都明白,但是,要想实现心中的梦想,成就一番事业,最好停下来,看看自己在干什么,怎么干才能把事情做得最好,也就是想想未来。

不可丧失"再拼一下"的心态

人生不能无希望,所有的人都生活在希望之中。假如真有人生活在绝望的人生之中,那么他只能是失败者。

一个人遭遇失败的危机和丧失积极向上的心态有极大关系,因为缺乏积极向上心态的人,身上就会缺少一根筋——"再拼一下"!

实际上,对于那些优秀者,他们不光靠自己的聪明才智脱颖而出,而且要靠"再拼一下"的心态克服随时都可能袭来的放弃心态。

绝大多数人之所以无所成就、默默无闻,之所以只能在人生的舞台上扮演无足轻重的次要角色——包括那些懒惰闲散者、好逸恶劳者、平庸无奇者——最重要的原因之一就在于他们缺乏"再拼一下"的积极向上的心态力量。

不管一个人是多么地鲁钝或愚蠢,只要他有着"再拼一下"的积极进取的心态和更上一层楼的决心,我们就不应该对他绝望。

你或许会认为自己的生活平淡无奇,你成就一番事业的机会和概率近似于零,但是,重要的并不在于你现在的地位是多么卑微或者手头从事的工作是多么微不足道,只要你心存改进的意愿,只要你不局限于狭小的圈子,只要你渴望着有朝一日成为万众瞩目的人物,只要你希冀着攀登上成功的巅峰并愿意为此付出切实有效的努力,那么你终将成功。正如胚芽通过大量的积蓄最终萌发出地面一样,你也将通过持之以恒的努力渐渐地远离平庸,拥有一个比较有优势的人生。

我们不应该根据人们现在所做的工作来对他进行评判,因为这很可能只是他克服消极心态的踏脚石。判断一个人的标准应该是看他对克服消极心态拥有的抱负和确立的目标。一个诚实的人会做任何高尚的工作,以此作为通向成功之路的必经阶段。

在一个人的品位和内涵中,我们可以发现某些预示着他的未来的东西。

他做事的风格,他对工作的投入程度,他的言行举止——所有的一切都预示着他会拥有什么样的未来。

"如果你只是一个负责冲洗甲板的工人,那也得好好干,就像海神随时在背后监督着你一样。"狄更斯这样说。在生活中还有这样一种情况,那就是一个人可能对现状极度不满,但他并没有任何改进自身危机的意愿,也不想付出努力来达成目'标,而仅仅是对自己的身份地位的不满。这意味着他丧失了"再拼一下"的积极向上的心态力量。

但是,当我们看到一个人在本职岗位上兢兢业业,想方设法地使每一件事都做得尽善尽美,以自己的努力和成就为荣,并在此基础上积极寻求进一步的发展和提高时,我们在心中确信他最终肯定能如愿以偿。在我们确切地了解一个人的理想和抱负之前,是无法对他做太多判断的。只要他具备毅力、恒心和信念,他完全有可能成为一个克服自身消极心态和发挥自身优势的人物。

对你来说,积极的心态力量是什么? 请看亚历山大大帝的积极心态:

亚历山大大帝出发远征波斯之前,他将所有的财产分给了臣下。

大臣皮尔底加斯非常惊奇,问道:

"那么,陛下带什么启程呢?"

对此,亚历山大回答说:"我只带一种财宝,那就是'希望'。"

听到这一回答,皮尔底加斯说:"那么请让我们也来分享它吧。"于是,他谢绝了分配给他的财产。

魔力悄悄话

人生不能无希望,所有的人都生活在希望之中。假如真有人生活在绝望的人生之中,那么他只能是失败者。身处逆境的人,只要抱着积极向上的心态,就能打开一条通道。

第九章
有梦的人生更幸福

梦想之所以能提升一个人的心理承受力，是因为有梦想的人有翅膀能飞翔，所以，眼界开阔、思维灵活、有胆识，内心也更强大。同时，有梦想，心灵不会空虚，即使小有成就也不会骄傲、堕落，因为有梦想在激励着他不断地超越眼前的状况。有梦的人生更幸福！

如果没有人相信你，那就自己相信自己；如果没人欣赏你，那就自己欣赏自己；如果没人祝福你，那就自己祝福自己。用心去触摸属于自己的阳光，用爱去创造属于自己的天空。当自己学会珍惜自己，世界才会珍惜你。

把梦想喊出来

有一个男孩子,心中的梦想是将来能成为一名职业赛车手。可是,他家现在穷得连一辆自行车都买不起,哪里还有车开啊?他为此很痛苦,甚至觉得自己有点痴人说梦。有一天,当一位亲戚问他长大了想做什么的时候,他鼓足勇气说出了心中的梦想。亲戚鼓励他,好孩子,只要努力,一定能实现!他内心一下子敞亮起来了,他觉得自己的梦想不再那么遥远了!

这是在鼓励人们,把自己的梦想喊出来!古今中外,许多成功者都喜欢把梦想说出来。当刘邦和项羽在见到秦始皇外出时的壮观场面时项羽说:"吾可取而代之。"刘邦则说:"大丈夫理应如此。"

戴高乐小时候就说:"我是拯救法国的英雄。"

金泳三读书时就写下"未来的总统金泳三"的横幅,贴在宿舍的土墙上。他这一奇特的举动,震动了学校,也引来众多同学的嘲笑,并且有一个同学上去撕下这张横幅。金泳三和那个同学吵了一架,第二天,又写了一张贴在原来的位置上。那个同学发现了,又一把拽下来撕个粉碎。金泳三又写了一张贴上,那个同学又要上前去撕,这下金泳三暴怒了,用拳脚制服了那个同学,使那"未来的总统金泳三"横幅长久地贴在土墙上。

难道敢于说出梦想的人果真有神助吗?

把梦想喊出来,不是吹牛,倒是一种积极的心理引导,能够产生实现梦想的伟大动力。当一个人说出梦想的时候,潜意识中实现梦想的愿望就会更加迫切,脑子里时时刻刻想的都是这件事,做出的行动自觉不自觉地就会向着这个既定梦想靠近。

把梦想说出来,近似于在自己周围,对着许多人许下了一个诺言。有梦想有追求的人最怕给人留下不讲信用、吹牛皮的印象,所以,当遇到困难的时候,他们为了不让自己因为失信于人而颜面扫地,就会全力奋斗去克服困难,实现梦想。话已经说出去了,因为没有了退路,隐藏在内心深处的惰性,将被积极的奋斗打压下去。

如果不把梦想说出来,那么当遇到挫折时就容易放弃。

一个人说出梦想,不仅是在对别人说,其实更是在对自己说。说出来之后,就会更用心地寻找自己的事业,更加努力地做眼下的事情。

人脉对一个人的成功很重要。说出梦想,也是帮助自己寻找志同道合朋友的一种方式。满含激情地说出梦想,这样可以感染身边的人,并且可以吸引实现梦想所需要的一切能量。

为了和身边的人找到更多话题沟通,避免坐在一起出现除了喝茶就是你看看我、我看看你,找不到更多话题沟通的情景,我常常与他们分享我的学习、成长、心得、梦想,当我迷茫找不到力量前进时,都是他们提醒了我,给了我力量,他们见到我常常会问起:"什么时候考试","考试通过了吗","我很看好你哦","加油"……诸如此类的话,这些问候,让我觉得如果我不全力以赴,不继续坚持,会觉得很没有面子,很对不起这些关心我的人和自己。

魔力悄悄话

很多孩子在上学初期因为没有按时完成作业或者多次违反纪律而写过保证书,保证书对孩子有一种约束和提示作用,会令孩子变得自律。年轻人大胆地把梦想说出来,就犹如对这个世界写了成功保证书,会产生一定的精神压力,适当的压力就是动力,能够增强斗志,激发潜能。

别人的快乐一样重要

曾经有一份报纸的头版头条如下：

在当地的一个小镇中，有一个15岁的少年得了脑瘤，他正在接受镭射和化学治疗，治疗的后果就是他所有的头发都掉了。对于这样一个十几岁的年轻人来说，没有头发比身体的病痛更令人痛不欲生。

这个年轻人的同学为了解除他的困境，和同年级所有的男孩在征得他们母亲的同意后，全都把头发剃掉，这样生病的男孩就不会成为这所高中唯一秃头的人。

在报纸的一侧附有一张照片，一位母亲剃掉儿子的全部头发，其他家人以赞同的眼光旁观，背景则是一群清一色的光脑袋男孩。

在这一刻，被剃掉的不只是头发，轻慢、嘲讽、奚落都被剃下来了，他们用自己纯洁真诚的友爱抚慰了一颗饱受病痛的心灵。世间再有效的治疗也比不上爱的治疗，再大的伤痛也会痊愈在真挚的爱心里。

人与人之间应该相互交流，相互影响，相互爱护。爱自己只会让我们更孤独，爱别人会让我们更快乐。做一件令别人愉快的事，自己也会感受到快乐。如果快乐不能与人分享，这不算是真正的快乐，只顾自己的人结果会变成自己的奴隶。

既然活着，就要珍惜生活。哪怕只是渺小到一粒尘土，也要发掘自己最大的用处。

一个双腿残疾的太太，整日都为她那残缺不全的身体而觉得自己毫无用处。可是有一天，她见到了一个小男孩，正十分认真地玩着自己手中的"士兵"，丝毫不被自己那少了的一只眼睛影响。这位太太小心翼翼地询问他眼睛的情况，小男孩却很轻松地向上推了推自己的眼罩说："我的眼睛没有任何问题，我是一个海盗！"接着，他又沉浸在自己的游戏中了。

太太突然醒悟，自己还不如一个孩子。就算我们失去双腿又怎样？我们还有双手，就算我们也没有了双手，我们还有清醒的大脑……凭什么不去珍惜我们所拥有的，哪怕你觉得你拥有的少得可怜。其实可怜的并不是我们拥有的少，而是我们那颗不知足的心。

亲爱的朋友，当你抬起头的时候，天空不一定是亮的，但你要知道，如果一直低着头，无论如何都不会亲眼看到蔚蓝的天空。上苍既然给了我们活着的机会，就不应该自暴自弃，再苦再累，只要坚持往前走，属于你的风景终会出现。

魔力悄悄话

我们一生的时光都是在编织着故事，人生本就是一个故事与另一个故事的串织，而要想过得快乐和幸福，其实也很简单，就是敞开自己的心房，给予别人无私的温暖，学会用温暖的丝线来编织人生的故事，那么每个故事都会温馨而美丽，而故事的主角——我们，一定会成为一个幸福、快乐的人！

随缘自在，烦忧自去

随缘是一种平和豁达的人生观，也是一种超然的境界。生活中，不可能凡事都一帆风顺，称心如意，总会有种种的忧愁与烦恼。当琐碎之事、不如意之事缠绕着我们的时候，我们该如何去面对呢？禅语有云："随缘自适，烦忧自去。"随缘是一种生活的智慧，是一种进取的精神，是一种达观的处世法则。

生命如潮水般涨落不息，潮来潮去，带来的我们欣然接受，带走的不做无谓的挽留。学会在随顺里觅得安详，学会在放手时寻求解脱。只要你愿意，你可以对天边的流云说一声再见；只要你愿意，也可以把一切恩怨化作潇洒的云烟；只要你愿意，人生的好与坏、得与失、喜与悲，都能从容、坦然地去面对。这正是，"宠辱不惊，闲看庭前花开花落，去留无意，漫随天外云卷云舒。"

随缘的生活中，会多一些欢喜，少一些忧愁；多一些微笑，少一些悲伤；多一些感恩，少一些抱怨；多一些知足，少一些不满；多一点包容，少一点纠结；多一些放下，少一些固执。开心活，开朗过。一切随缘，时时皆在自在中。

感恩生活，莫让生命空余恨

人生如戏，可又有别于戏。它没有预演的机会，一旦拉开了序幕，不管你如何怯场，都得演到戏的结尾。因为人生是没有草稿的。

面对人生，有人小心谨慎，三思而后行，以求尽可能有一个完美的人生；有的人却漠不关心，乱冲乱撞，直到自己无力地在生死边缘挣扎时，才流下了悔恨的泪。乱涂乱画的人生，注定逃不过被丢进纸篓的命运，成为一张毫无用处的废纸。细心描绘的人生,尽管可能它并不是完美的,但它却可以得到命运的垂青和怜爱,成为上苍的宠儿。

生活中,不少人苦于生活的艰辛,埋怨生命的无奈,有时甚至对生命没有了信心,其实细想我们之所以这样是因为还没有真正的认识自己,还没有真正的认识生命。我们应该用感恩的心态对待生活,每个人都应感悟生命中的美,记住生命中所有的快乐,忘却那些不快。生命的天空里,有风和日丽,也有云遮雾障。不是每轮艳阳都能让人感到温暖,不是每片乌云都下雨。既然决定不了命运的走向,那就踏实走过每一天;既然左右不了天空的变幻,那就悉心装扮自己的心间。因为,珍惜了,能拥有;付出了,有回报;走过了,不后悔。

我们都是生命的过客,辽远的天空难留下飞过的痕迹,带走的不过是些微的记忆。生命逃离不了历史的脉络,在这个脉络上前行,沿途拾起一枝一叶,留待回忆;生命也走不出时间的大门,让夕阳给出记忆的钥匙,静静徜徉在往日美的回忆中。所以,生命在时,追寻你的梦想,去你想去的地方,做一个你想做的人,因为人生无常,因为生命只有一次。

魔力悄悄话

人生百年,我们没必要看懂别人,因为人活一世本来就不容易,你再给它添加个不易,活得就更不容易了;也不要看别人不顺眼,有句俗话说:只有乌鸦看不见自己黑。我们不是乌鸦,更不能学乌鸦。当以能容之心做人,当以知足之心处事,当以本分之心律己,当以益众之心待人。

活过最好的每一天

清晨,睁开眼,告诉自己:"今天是最好的一天!"

不管昨天发生了什么,都已成为过去,无法改变。不要让昨天的烦恼影响到今天的好心情!许多人喜欢预支明天的烦恼,想要早一步解决掉明天的事情,可是明天还没有到来,如何能知道明天会发生的事情呢?所以说烦恼皆是庸人自扰。明天如果有烦恼,你今天是无法解决的,每一天都有每一天的人生功课要做,努力做好今天的功课就好。

人生在世,不过百岁。快乐是一天,烦恼也是一天;和和气气是一天,吵吵闹闹是一天;少取多舍是一天,见利忘义也是一天;业精于勤是一天,贪婪堕落是一天;勤学苦练是一天,醉生梦死也是一天。有的时候,不知道为什么要做这件事,做了就做了,也不知对错,也不知结果。也许会期许什么结果,也许没有该不该,也许没有对错。也许其中的过程才比较重要,充实每一天,认真每一天,不后悔每一天!

生活是一杯水,痛苦是掉落杯中的灰尘。没有谁的生活始终充满幸福快乐,总有一些痛苦会折磨我们的心灵。让心静下来,慢慢沉淀那些痛苦。如果总是不断地去搅和,痛苦就会充满我们的生活。所以,即使生活的水杯中落入了灰尘,我们也要努力让每一天都过得清澈,只要静下心来,尘埃就会沉下去。

活在当下,活好今天

有人问日休禅师,人生有几天。禅师回答说:"只有三天,昨天、今天、明天。"

昨天,匆匆逝去,去而不返。明天,水月镜花,犹如泡影。只有今天才是真实的,要好好拥有就不能逃避。

昨天,给我们留下的只是美好抑或痛苦的回忆。活在昨天的人像活在自己的影子里一样,是迷惑的。

明天,只能让自己产生无限的遐想与期盼。活在明天的人像活在自己的梦里一样,是不真实的。

今天,不管是晴空万里,艳阳高照,还是阴云密布,电闪雷鸣。但它给我们的感觉是最真切的,只有活在今天的人,心里才最踏实。

坦然地接受今天,要心中无怨。今天,我们的人生不管是喜还是悲。人生之路是坦途还是曲折,皆有因果。上苍给我们人生路上布下暗礁、陷阱,只不过是为了磨炼我们的意志,增长我们的智慧,让我们证明自己存在的价值。不要抱怨命运的不公,也不要嫉妒别人比自己过得好。那样既改变不了现实,也解决不了问题,只是徒增烦恼和痛苦。我们要坦然地接受今天,坦然地接受命运中的风风雨雨心中无怨也无悔。

认真地过好今天,要心中无悔。活在今天,不是要我们今朝有酒今朝醉,及时享乐;也不是要我们无所事事,年华虚度。我们要珍惜今天的每一时、每一分,把握今天的每一次机遇,认真做好今天的每一件事,不求完美,但求无愧。生命的意义不在结果而在过程,只要我们努力过、付出过,就不后悔。

快乐地拥抱今天,要心中有爱。快乐是人生的主题,每一个人都有快乐的权利,每一个人都可能成为快乐的主角。一个自私的人,是不会快乐的,因为他的心中只有自己。快乐是用宽容作土壤,智慧作肥料,真情作水源培育出来的花朵。只要我们用爱心来呵护,它会绽放你一生。"送人玫瑰,手有余香。"快乐是爱心的传递,快乐是爱心的回报。

魔力悄悄话

也许生活就是这样,只有经历过才会更加明白,无论生活如何变化,每天太阳依旧升起,又是新的一天到来。珍惜生活,过好每一天。快乐是一天,烦恼也是一天,珍惜生活的点点滴滴,快乐地过好每一天。

第十章
幸福由心生

　　幸福在不同时期发生着悄悄的改变，这时的我们突然发觉幸福原来也可以是淡淡地妖娆，慢慢地流淌。

　　时间渐渐给出了我们答案，幸福就是那一抹的微笑，是温暖的灿烂夕阳，是一起慢慢地变老。

　　这时的我们终于明白年轻时的狂妄不叫幸福，那只是一颗奋斗的野心，而老去的平淡和老有所依才是真正的幸福。

　　因为那时的我们已经不能再去奋斗，而是真正享受人生。

给自己的心灵放个假

　　现实生活中,每个人都有压力,并且压力无处不在,如影相随。谁都想事业有成,享受成功的快乐,可是又有多少人能够真正做到呢?

　　生活在这个世界上,你要为衣、食、住、行去奔忙,要去应付各种各样的事,要去与各种各样的人相处。可谁又能保证你所接触的事都是好事,你所遇到的人都是谦谦君子呢? 即使是上帝掌握在你手中,恐怕也不会那么幸运,更何况并没有万能的上帝呢? 所以,生活中必然要有这样或那样的事,有喜就会有悲,有幸运之神的光顾也会有不幸的事降临。

　　正是经济困难时期,家人病了,孩子要上学,生活要开销等等都接踵而来。每天都把自己搞的焦头烂额,每天都有做不完的事,匆匆忙忙的上班,下班及时回家做饭,教导孩子学习,好像一天都没有放松和思考的时间。

　　人只要在社会中生存,就会有压力存在,无论是学习上的压力,还是来自工作的压力,都会让人精神紧张起来。但你又不得不去面对它,因为有些时候这种事没有选择的余地。

　　压力无处不在,任何人都躲避不了。因为人不是万能的,不可能把一切不顺心之事变为理想之事。关键看你怎样对待已经发生的事。我们都是压力的创造者与承受者,同时也是压力的去除者。

　　当长时间的紧张统治着你、折磨着你的时候,你的工作效率就会开始下降,并且会严重地影响着你的个人生活,使你失去了工作和生活的热情。

　　生活毕竟是公平的,对谁都是一样,没有绝对的幸运儿,更没有彻底的倒霉蛋,你有这样的不幸,他还有那样的烦心事。别人有那样的好机会,你还会有这样的好运气。所以,千万别把自己说得那么悲惨,更不要把自己缠绕在自己织的网中,挣扎不出来。

　　一个人如果能真正认识到自己遇到的不如意只是生活的一部分,并且不以这些难题的存在与否作为衡量幸福的标准,那么他便是聪明的,也是幸福和自由的人。

　　林肯的书桌角上总有一本诙谐的书籍放在那里，每当他抑郁烦闷的时候，便翻开来读几页，不但可以解除烦闷，而且还能使疲倦消除。这使他乐观地对待生活，更使他的生活充满了自信。

　　美国富翁柯克在51岁那年，把财产全部用完了，他只得又去经营、去赚钱。没多久，他果然又赚了许多钱。他的朋友因此很奇怪，问他："你的运气为什么总是这样好呢？"柯克回答说："这不是我的幸运，乃是我的秘诀。"朋友急切地问："你的秘诀可以说出来让大家听听吗？"柯克笑了："当然可以，其实也是人人可以做到的事情。我是一个快乐主义者，无论对于什么事情，我从来不抱悲观态度。就是人们对我讥笑、恼怒，我也从不改变自己的主意。并且，我还努力让别人快乐。我相信，一个人如果常向着光明和快乐的一面看，一定可以获得成功的。"笑对人生，万事都能泰然处之。这样，你就会活得轻松多了。

　　帕瓦罗蒂曾经讲过："尽管一生中有无数的遗憾，但生活毕竟是美好的。要乐观地、全心全意地去做每一件事，并且用歌声表达对人生的狂热！"

　　山德里是饭店的经理，他的心情总是很好。当有人问他近况如何时，他回答："我快乐无比。"

　　如果哪位同事心情不好，他就会告诉对方怎么去看事物好的一面。他说："每天早上，我一醒来就对自己说，山德里，你今天有两种选择，你可以选择心情愉快，也可以选择心情不好，我选择心情愉快。每次有坏事情发生，我可以选择成为一个受害者，也可以选择从中学些东西，我选择后者。归根结底，你应该选择愉快面对人生。"

　　有一天，他遇到了两个持枪的歹徒，并被子弹击中。幸运的是他被送到医院及时。经过了20个小时的抢救和几个星期的精心治疗，山德里出院了，只是有一小部分弹片留在他的体内。

　　8个月后，他的一位朋友见到了他，朋友问他近况如何，他说："我快乐无比，想不想看看我的伤疤？"朋友看了伤疤，然后问当时他想了些什么。山德里答道："当我躺在地上时，我对自己说有两个选择：一是死，一是活。我选择了活。医护人员都很好,他们告诉我,我会好的。但是在他们把我推进急诊室后,我从他们的眼神中读到了'我是个死人'。我知道我需要采取一些行动。"

"你采取了什么行动?"朋友问。

山德里说:"有个护士大声问我对什么东西过敏。我马上答'有的'。这时,所有的医生、护士都停下来等我说下去。我深深吸了一口气,然后大声吼道:'子弹!'在一片大笑声中,我又说道:'请把我当活人来医,而不是死人。'"山德里就这样活下来了。

弗恩·戴尔博士,这位写过《你容易犯错的地方》的著名作家,在他30岁第一次婚姻破裂后说:"每件发生在我身上的事都好像是一次机会,虽然它看起来也可能是障碍。我想我生命中最悲惨的时候,可能就是我经历离婚又和女儿分开的那段时期。她回到密西根,我留在纽约。那正是我生命中的低谷,我自己不会恢复,也不知道未来要往哪儿走。"

"我独自一人,因为婚姻破裂,生活中许多事情都发生了剧变。我开始跑步,以便让自己的身体变得更好。我开始写作,过去我一直挣扎在写作之中,因为当时夫妻关系很紧张,效果一直不好。我很担心如果不和唯一的孩子在一起,失去那些创造快乐生活的重要事情,我将如何处理。那时真的很难熬。"

"但婚姻告终,内心也知道它已经真的结束,我重新调整生活,用过去觉得不可行的方式写作。更重要的是,如果没有走过那段低谷,我就不可能发展新的关系。今天我有七个孩子,有美满的婚姻,漂亮的妻子,和前妻的关系也非常好,那扇关闭的门令我们俩都很痛苦,同样也为她开启了一扇新门,她遇到另一个男人结了婚,他们也快乐了很长一段时间。"

"我想任何有过负面人际关系体验的人,不管是婚姻还是其他什么关系的破裂,知道这种体验是生活中很重要的一部分。如果你将它视为一个可以学习的机会,我真心认为这对双方都是有益的。"

"当我和第一任妻子结婚时,我做了许多不得体的事,经历了那次失败的婚姻后,虽然这是个痛苦的教训,但是我学会了对人更体贴、更关怀。我也和女儿发展了一种新关系。离婚的时候,我以为我们父女关系会恶化,甚至会结束,但事实上并没有。"

"所以,当失败来临,你可以面带微笑,因为它可以是一次人生的转折点。"

　　每个人既不会万事如意，也不会屡受挫折。如果能随时随地的看到和想到自己生活中光明的一面，同时意识到自己面临的困境别人也曾遇到过，甚至比自己的更严重，就能从某种烦恼和痛苦中解脱出来，并且有可能获得新生，会更加自信而愉快地生活。

　　史蒂文生说："快乐并不是幸运的结果，它常常是一种德行，一种英勇的德行。"快乐的理由有多种，关键要看是否能够让自己自觉地感受到轻松。生活中，有的人为了心中的夙愿而忍辱负重，有的人为了走向成功而步履匆匆，有的人为了生存而身受负累与压抑。其实，生活往往没有人们所想象的那样累，如果常给自己减压，生活自然过得轻松。不要把顷刻的烦躁持续太久，不要把稍纵即逝的苦恼给予过多的关注。一顿美食，一壶清茶，黄昏落日，清晨露珠，都会给人带来一份轻松与惬意。

　　人要适时地给自己减压，给大脑放个假，让自己的生活更轻松一点儿。

魔力悄悄话

　　在生活中，面对着各种各样不合自己心意的事情时，不要让自己陷入紧张压抑的氛围中，也就是别活得那么累。必要的时候，放松一下自己，轻松地活着。

身在福中要知福

曾经有位非常富有的财主名叫伯当。一天,当他愁苦地行走在路上时遇到了阿凡提。他忧郁地对阿凡提说:"聪明的阿凡提先生,我想向您请教一个问题,您能告诉我怎样才能买到快乐吗?"

阿凡提好奇地问道:"你为什么要买快乐?"

伯当说:"虽然我生在官宦之家,家里很有钱,可是生活中却缺少一种最重要的东西——快乐。我从来不知道什么叫作真正的快乐,如果能让我感受一下快乐的美妙,我愿意付出我所有的家产。只要能让我体验一下,哪怕只是短暂的一瞬间,我也愿意。"

阿凡提笑了笑说:"我有让你体验真正快乐的秘方,不过我只怕你支付不起它的费用,你带了多少钱,可以让我看看吗?"

伯当从兜里掏出装满钻石的锦囊递给阿凡提,可是阿凡提接下来的行为却让他大吃一惊。只见阿凡提看也不看,抓住装满钻石的锦囊,掉头就跑。

伯当吃惊地愣在原地,当他回过神来时才明白自己被抢了。他连忙大叫:"救命呀,有人抢劫啦!"可是任他喊破喉咙也无人管他,他只好依靠自己的力量去夺回被阿凡提抢走的财产。他拼命地追着,直到跑得满头大汗、全身发热、口干舌燥,也没发现阿凡提的踪影,他绝望地跪倒在偏僻的小路上,失声痛哭,没有想到快乐的秘方没有找到,自己身上的钱财也被人抢光。正当他哭得声嘶力竭,站起来的时候,突然发现被抢走的锦囊就在路旁的一块石头上。他兴奋地站起来抓起锦囊打开查看,发现锦囊里的钻石原封未动。刹那间,一股极大的快乐充满了他的全身。

这时,一直躲在巨石后面的阿凡提走了出来,看着伯当快乐的样子,欣慰地问:"你刚才说的话还算不算数?"伯当疑惑地看着他。阿凡提解释道:"你说过如果有人能让你体验一次真正的快乐,即使只是一瞬间,你也愿意把你所有的财产赠给他,这句话是真的吗?"

伯当说:"当然算数。"

阿凡提微笑着点点头继续说:"刚刚在你找回锦囊的那一瞬间,是不是感受到了一种莫大的快乐呢?"

"是呀! 的确像你所说的那样,我刚刚体验到了快乐的真正含义。"伯当兴奋地回答着。

听到伯当的回答,阿凡提快乐地转身离开了。

生活中,许多人身在福中不知福,不重视自己所拥有的,总认为别人的才是最好的,看不到自己所拥有的幸福,实际上这是一种心理上误识。

魔力悄悄话

人生中最大的快乐来源于自身,要懂得知足。只有这样才能保持一个良好的心态去面对生活。善于把握自己所拥有的幸福,才是懂得生活的人。

把事情往好的一面想

在塞尔玛的生活历程中,曾有过一段令她永生难忘的事,那件事也是促成她现在生活幸福的重要因素。

塞尔玛随从军的丈夫到了沙漠地带。令她难以想象的是,在那里住的是铁皮房不说,还要与周围的印第安人、墨西哥人打交道,因为语言上的障碍根本无法交流。最让她难以忍受的是当地的高温,在仙人掌的荫影下都高达华氏51℃,而这时又赶上丈夫奉命远征,留下她孤身一人在环境恶劣的沙漠中生活。为此,她整日愁眉不展,度日如年,感觉不到生活的乐趣,想念家乡的好,怀念父母的爱。无奈中她提笔给父母写了一封长信,在信中她描述了自己的处境,向父母表达了自己想要回家的心愿,希望父母能够同意。

信寄出去以后,她天天期盼着父母的回信。终于有一天,信到了,可拆开一看,信中的内容使她大失所望。父母既没有安慰她,也没有说让她赶快回去。那封信里只是一张薄薄的信纸,上面是一个简短的故事:

"曾经有两个囚徒,他们被关在阴暗的监狱里,唯一可以让他们见到阳光的地方就是来自那扇铁窗。一个人每天看到的都是一成不变的泥土,而另一个却天天可以享受天上星星不停变化所形成的美妙景观。"

看过信以后,塞尔玛开始非常失望,心里还在埋怨父母,怎么父母回的是这样一封信?尽管是这样,她还是非常喜欢读这封信,因为那毕竟是远在故乡的父母对女儿的一份关切。她反复阅读,认真思考,总感觉父母的信中有什么典故。终于有一天,一道灵光从她的脑海里掠过,她领略到了这封信的意义。正是这封信照亮了她前方漆黑的道路,她惊喜异常,每天紧皱的眉头一下子舒展开来。

原来父母是为她的人生上了一堂重要的课,她终于发现了自己的问题所在:以前她的生活就像是第一个囚徒那样,只看到地上那一成不变的泥土，从来没有抬头看过，当然也就没有发现天上漂亮的星星。为什么自己不抬头看呢？只要抬头看，一定会有新的发现。生活中一定不只是泥土，还会有星星！为什么把自己置于忧愁与烦恼中呢？为什么不抬头去寻找星星，感悟星的美，去享受幸福美好的世界呢？于是，她决定改变自己目前的生活状态。

她开始主动和印第安人、墨西哥人交朋友，出乎她意料的是，与印第安人、墨西哥人交往并没有她想象的那么困难，她发现他们都十分好客、热情，慢慢地他们都成了她的朋友，而且还送给她许多珍贵的陶器和纺织品做礼物。

为了丰富自己的生活，她还研究沙漠的仙人掌，一边进行研究，一边做笔记。在研究的过程中，她被仙人掌的千姿百态吸引住了，深深地迷恋上了对仙人掌的研究。

她欣赏沙漠的日落日出，她感受沙漠的海市蜃楼，她享受着新生活给她带来的一切。就这样，她的心情逐渐地好了起来，以前的愁容也消失得无影无踪。她发现一切都变了，变得使她每天都仿佛沐浴在春光之中，置身于欢声笑语之间。

后来她回到美国，把自己的这一段真实的经历写成了一本书，名字叫《快乐的城堡》，在当时的美国引起了很大的轰动。

魔力悄悄话

世界上的万物相生相克，彼此制约着。任何人和事都有优点和缺点，只是看人们选择怎样的角度来看待这个问题，以积极的还是消极的态度来处理它。只要掌握好了这个舵，生命的阳光就会更加的灿烂。

学会选择幸福

有的人认为"人生苦短,去日无多",不如寻欢作乐,过把瘾就死,这就是幸福;有的人认为金钱至上,"有钱能使鬼推磨",这就是幸福;而有的人以"宁做中华断头尸,不做倭奴屈膝人"的慷慨激昂、赴汤蹈火为幸福;有的人以"宁可枝头抱香死,不随落叶舞西风"的洁身自好、严于律己为幸福。幸福到底在哪里?不同的人有不同的理解,不同的理解有了不同的人生。

卡耐基说:"心中充满快乐的思想,我们就快乐。想着悲惨的事,我们就会悲伤。心中满是恐惧的念头,我们必会害怕。怀着病态的思想,我们真的可能会生病。想着失败,则一定不可能会成功。老是自怜的人,别人只有想法避开他。"

其实卡耐基的这句话,同圣人老子说的"甘美食,美其服,安其居,乐其俗"意思相近,前者通俗易懂,后者越体味越有味道。尽管你这个地方很落后,但你吃的东西是最美味的;尽管你穿的衣服单薄,但你要认为是最漂亮舒服的;尽管你居住的地方很简陋,但你要认为你居住的地方是最舒适的;尽管你的风俗不大先进,但你要认为你的风俗是最优等的。

有人曾问过一位快乐的老人:"你为何会这样幸福呢? 你一定有关于创造幸福的不可思议的秘诀吧?"

"不,"老人回答,"我只是选择'幸福'而已。"

林肯曾说:"人们如果下定决心要拥有幸福,他就会拥有幸福。"换言之,如果你选择不幸,你就会变得不幸。

会享受人生的人,不会在意拥有多少财富,不会在意住房大小、薪水多少、职位高低,也不会在意成功或失败,只要会数数就行。"不要计算已经失去的东西,多数数现在还剩下的东西。"这个十分简单的数数法,就是选择幸福的一种智慧。

幸福——人生乐在心相知

在宁夏南部山区有一位还未脱贫的农民，他常年住的是漆黑的窑洞，顿顿吃的是玉米、土豆，家里最值钱的东西就是一个盛面的柜子。可他整天无忧无虑，早上唱着山歌去干活，太阳落山又唱着山歌走回家。别人都不明白，他整天乐什么呢？

他说："我渴了有水喝，饿了有饭吃，夏天住在窑洞里不用电扇，冬天热乎乎的炕头胜过暖气，日子过得美极了！"

这位农民能珍惜自己所拥有的一切，从不为自己欠缺的东西而苦恼，这就是他能感受到幸福的真正原因。

其实，大多数人所拥有的远远超过了这位农民，可惜总被自己所忽略。你的收入虽然不高，但粗茶淡饭管饱管够，绝无那些富贵病的侵扰；你的配偶或许并不出众，但他（她）能与你相亲相爱，白头到老；你的孩子虽然没有考上大学，但他（她）却懂得孝敬父母，知道自力更生。人生，该数数的东西还有很多很多。

每天起床，看着窗外远处公园里的湖泊，心有一种宁静的感觉，也时常思索人们是如何获得幸福感觉的？一个人是否幸福快乐，在一定程度上与心态有关。幸福是一种感觉，让我敞开心灵去发现，细致的体验，敏锐地感受。

每天的日子总是周而复始，上班下班回家吃饭，上网聊天或看电视打发时间，一成不变，让人感觉平淡无味。若每天用良好的心态去捕捉快乐，也许就不会感觉那么枯燥。因为老师或上司的一句表扬，而感到快乐；突然接到友人的电话，别人的牵挂也是一种幸福感觉；在公共汽车上，给老人让座，是一种助人为乐。什么都可以快乐，只要你放开心灵，幸福快乐就会一直在你身边。

若遇到挫折，需要自我鼓励打气，自信以后定会成功；遇到情场失意，就对自己说，别为了一棵小树，而放弃整个森林；遇到悲伤的事，就学会忘记；被人激怒，学会平静，认为发怒只会伤肝伤肺，何苦去做，显出没有被激怒才是对对方的一个很好的还击，这都需要一个良好的心态，也就是换一个对自己身心有利的想法。

贝多芬曾说："我们这些具有充满创意精神而生命有限的人，就是为了痛苦和快乐而生的，几乎可以说：最优秀的人通过痛苦才得到快乐。"

幸福是一种选择，也是一种良好的感觉。幸福是由心态决定的，学会对生活中发生的事，用幸福的心态和对身心有利的心态去思索，就会时时有幸福感觉。

魔力悄悄话

人们一直疲于奔命，寻求其所谓的幸福。其实，幸福原本就在我们的生活不远处。只是由于人们太在意物质上的富裕，太追求一种形式化的生活了，而将幸福的真谛忽略了。

找一种快乐生活的理由

人生这枚硬币,其反面就是这一理论的另一要旨:我们必须接受"失去",学会怎样松开手。执着对待生活,紧紧地把握生活,但又不能抓得过死,松不开手。

不要枉费生命,要少追求物质,多追求理想。因为只有理想才赋予人生意义,只有理想才使生活具有永恒的价值。

世界歌坛巨星胡利奥·伊格莱西亚斯如果不是因为乐观,有勇气,有坚强的意志,可能他还只是一个无名的残疾人。

1963年9月,在他20岁生日前不久,胡利奥和三个朋友开车沿近郊公路回马德里的家去,汽车在一个转弯处翻到了路边田里。

由于这次翻车事故,胡利奥开始感觉胸腔及两肋时有短暂锐利的刺痛,痛时浑身发抖,喘不过气来。他父亲是医生,感觉不妙,带他到市内各诊所及医院的专家处求医。x光摄影找不出病因,有的医生诊断为有根神经受挤压,有的医生则说完全是心理作用。

事实证明,这不是心理作用,他的体重减少了,只有48公斤,卧床不起。经常通宵不眠,咬唇抱膝而坐。他弟弟卡洛斯回忆说:"我们眼看着一个精力充沛的运动员逐渐瘦弱下去。"

1964年1月的第一个星期,胡利奥的父亲请了马德里5位最有名的医学专家,包括神经外科医生,在他儿子的床前会诊。他含泪问道:"我儿子究竟得了什么病?"经过1小时的商讨后,马内拉医生宣布他们的一致意见:毛病一定是在脊柱里。

当夜胡里奥的膀胱功能停止,那是瘫痪的最初征兆。第二天早晨,他被送进医院,已是患截瘫的病人。检查脊柱的结果显示有一个肿瘤。医生说,可能因车祸严重受伤而加速了其成长,这个非癌性的肿瘤包住了第七个脊柱,造成瘫痪。经过手术割除后他出院回家,腰部以下仍然不能动,这种病情康复的前景不大乐观。他可能在几年后恢复少许活动力,也可能终身残废。

然而,谁也没料到这个青年乐观自信的决心。依照一个神经外科医生的指示,胡利奥练习由脑对每一个脚趾发出命令。他日夜不断地轻声唱道:"动啊,该死的!"但没有一个脚趾能动。他说:"我就像快要沉没的船上的报务员,不断拍发没有回音的电报。"

做完手术两个月后,妈妈、爸爸和弟弟突然听到胡利奥大叫:"大家都快来!"他们跑到他房里,见他欣喜若狂地指着脚,高兴地说:"快看!"大脚趾往下轻轻地动着,一下、二下、三下……从那时起,胡利奥坚信他可以完全康复。

但康复的进度很慢,运动也很吃力,有个护士知道他有时会感到懊丧,便送给他一把廉价的吉他,让他弹吉他来消遣。他仰卧床上,两臂的动作也不太协调,弹起来很不方便。但他把吉他柄对着天花板直放胸口,随着拨弦,弦声使他暂忘焦急烦恼。他开始渐渐低哼曲子,然后羞怯地试着唱一两句。唱出的歌很好听,他非常高兴。

手术后四个月,胡利奥站在地板上,抓住公寓狭窄过道中特别装置的扶手,气喘吁吁,努力练习举步。父亲怕他太吃力,劝他休息。他说:"爸爸,我必须练。"

他做到了。经过90分钟的努力,胡利奥走出康复的第一步。他每天的目标是比前一天多走一步,而且总能达到目标。为了加强体力,他每天在过道中不断爬行四五个小时,夏天在他家的海滨别墅中,他撑着拐杖在沙滩上走,每天早晨又在地中海中筋疲力尽地游三四个小时。到那年秋季,他进步到可以使用手杖。再过几个月,手杖也不用了,他每天步行达10公里。

胡利奥的身体状况不断有进展,1968年春季他毕业于法学院,有意进入外交界。那时,音乐仍只是消遣。但他根据自己长期孤独地与瘫痪做斗争的经历,写出了他的第一首歌《生命照常进行》:真朋友很少,得意时人都来颂扬,失意时,你就知道,好朋友还在,别的全走了。

同年7月,在西班牙最重要的流行歌曲比赛——每年一届的西班牙民歌节中,他怀着疑惧心情出场,唱出这首歌,荣膺冠军,西班牙顿时少了一块外交材料,多了一名歌手。这首歌风行全国,也成为一部西班牙电影的片名。

他担任这部影片的主角,一跃而为电影明星。

　　胡利奥昔日的瘫痪已成过去,没留下不良后果。他回忆往日的苦境,觉得因祸得福。"我在音乐方面取得的成就完全由于那次苦难。"他现在身体健康,精神愉快,而且名利双收。这正证明了他在第一首歌《生命照常进行》中所唱的:总有理由要生活。

魔力悄悄话

　　在年轻的时候,满以为这个世界的一切都是美好的,满以为全身心投入所追求的事业一定会成功。而生活的现实仍是按部就班地走到我们面前。

第十一章 不攀比更幸福

　　不攀比的平常心是人生的大境界，平常心可以给你一份潇洒和洞穿世事的眼睛，同时也使你拥有坦然充实的人生。真正的平常心就是享受生活中的平凡和简单。只要能把心态放平稳，不被外界所干扰，就会拥有一颗真正的平常心。

　　若没有苦难，我们会骄傲，没有沧桑，我们不会用心去安慰不幸的人。我们不能阻止不幸发生在自己身上，失败已成定局，再怎么悲伤也无济于事，而如果我们选择积极的态度去面对失败后的不幸，那我们将是最幸福的人。

阴雨天,也是好天气的一种

一个具有良好心态的人,在面对厄运的时候,能有一颗平衡的心,不会因为前面的路被堵死,而无计可施。

相信自己的力量能战胜不幸,前面的路堵死,也要集蓄全部的力量,努力寻找另外一条路。

有一位在银行工作的人,一心想要个高一点的学历,他已经把大部分参考书翻来覆去地看了许多遍。可以说,他非常自信能够考上,但连年考试他都榜上无名。

因为他对古币颇有研究,所以,在闲暇时间,就有很多朋友总会拿来一些古币请他鉴别,他都会耐心地回答每一个问题。正是由于请教的人实在太多了,他萌发了一种想法,要是自己能够编写一本《中国历代钱币鉴别手册》不就可以解决这些问题了吗?

一方面可以将自己现有的关于钱币的知识系统化;另一方面可以给喜欢收集、鉴别钱币的朋友提供方便。

于是,他利用业余时间,聚集全部精力来撰写这本鉴别古币的书籍。几个月之后,他终于完成了这本书的编写。

一家出版社看中了这本书,首次印了3万册。不到四个月的时间,书就被销售一空。

只有在心态上找到了平衡的支点,才不会在挫折面前迷失自我,也不会在前行中产生懈怠的心理。

总之,生命中肯定有那么一些东西,能让人透过生活中的痛苦,看到生活美好的一面。

可以说每个人都不可避免地在人生道路上艰难地跋涉着,没有走到生命的尽头,谁也无法判断自己到底是成功了还是失败了,所以在生命的任何阶段都不能泄气,都要充满希望。

美国南北战争后不久,在一个天寒地冻的天气里,一个流浪到马萨诸塞州无家可归的女子,敲响了韦伯斯特家的门。

韦伯斯特太太是个仁慈的老妇人,当她打开门的时候,看到了这个面色惨白,瘦得只剩皮包骨的流浪女子,女子自报名字叫萨娜,是从北方流浪过来的。可是,韦伯斯特太太并不认识她,但还是说:"为什么不住在这里?这偌大的房子就我一个人。"

于是,萨娜就留了下来,每天都和韦伯斯特太太说话散心。有一次韦伯斯特太太的女儿来度假,知道了萨娜的事情后,把她赶出了韦伯斯特太太的家,并骂她是个无赖。

那天外面正下着倾盆大雨,萨娜不得不离开,因为她不想让人说她是个无赖,她在雨中愣了两、三分钟,便另寻栖身之所去了。

然而,谁又能想到以后发生的事情,这位被赶出来的流浪女子却成了思想界的重要人物,她的思想影响深远。她就像创造基督信仰疗法的玛莉·艾迪一样受到成千上万信徒的崇拜、追随。

在萨娜的苦难之前,另一位女子,玛莉·艾迪的命运同样也是坎坷多磨,她的生活是由疾病、怨恨、嗟叹与悲伤组成的。玛莉·艾迪的第一任丈夫婚后不久便去世了,这多少给她留下了一些精神上的打击,她的第二任丈夫抛弃她和别人的妻子私奔了,死在了救济院。后来,玛莉·艾迪病体缠身,她不得已放弃了自己唯一的孩子。

由于玛莉·艾迪体弱多病,所以她对"精神疗法"产生了浓厚的兴趣。那是一个寒冷的早上,她走在马萨诸塞州街上,一不注意滑倒在冻裂了的人行道上,顿时不省人事,脊椎骨也因强烈撞击而痉挛,医生无奈地告之,除非奇迹出现,否则双腿很难再行走。玛莉·艾迪躺在床上静静地翻开圣经,在神的引导下,念起马太福音中的"人们将病者安排在床上,而耶稣对病者说:'孩子,一定要坚强起来,你的罪已得到宽恕,起来吧!离开病榻,起来吧!'"她被耶稣的话感动了,在她内心里产生了一股力量,借着这种激奋的信仰力量,她几乎是跳跃般地弹起,离开病床走回家去。

玛莉·艾迪说:"从这次经历中,我发现了如何恢复自己的健康,及帮助他人维持健康的方法,所有的关键都在精神状态上。也就是我们的精神意志左右一切,这在科学上是可得到确切印证的。"

玛莉·艾迪根据自己的亲身体验,对基督教信仰产生了一种科学意义的诠释,她发明了"基督教信仰疗法",成为唯一的女性宗教创始人,而信仰"基督教信仰疗法"的人也遍布全球。

要知道我们所做的任何事情都是多面的,有时候我们看到的也只是其中的一个侧面。这个侧面让人痛苦,但痛苦却往往可以转化。

有一个成语叫作"蚌病成珠",意思是说蚌在伤口复合时,伤处就会出现一颗晶莹的珍珠。

其实,生活也是这样,和"蚌病成珠"如此的贴切,珍珠就在我们的痛苦中渐渐成长。

著名的电影演员古丽丽在第一次拍戏时候,就表现得非常不好,当时她紧张得一句台词也说不出来。一连试了四五次,她都无法使自己投入到角色中去,最后她只有放弃了这次机会。

其实,古丽丽早就心急如焚了,她不想让自己的梦想破灭,她再次找到导演,争取了一个角色。当正式拍摄时,她又犯了临场紧张发抖的毛病,最后还是以失败告终。

这次,古丽丽既没有自卑自责,也没有放弃梦想,而是认真分析失败的原因,认识到发抖是因为自己缺乏表演基本功。于是她先后到北京电影学院、上华公司演员培训班学习。后来,古丽丽参加《只为今生》影片的拍摄,终于获得了成功。可见,每一种挫折或不利的突变,都带着同样或较大的有利收获。

有一本叫作《庞城末日》的书,讲的是一位双目失明的卖花女,虽然自己是个残疾人,但她没有为自己看不到别人和这个美丽的世界而自怨自艾,她像一个正常人一样靠着劳动来维持着自己的生活。

在一个漆黑的夜里,她所在的城市发生了一场大地震。当时,漆黑一片,惊慌失措的人们跌来碰去寻找出路却无法找到。只有卖花女凭着自己多年在这座城市里走街串巷卖花,熟悉的每一块砖瓦,走出了那个死亡的城市。正是她的双目失明帮助了她,使她的不幸在这场地震中成了大幸。她靠自己的触觉和听觉找到了生路,而且还救了许多人。她成了人们心中的英雄,人们给她介绍了许多好的工作,她的生活从此改变了。

魔力悄悄话

任何不幸、失败与损失,都有可能成为我们有利的因素。造成失败的原因无外乎主观和客观两方面的因素。有的失败是由于自身能力有限所致。在这种情况下,我们就要反省一番,再做冲击。

不攀比就是给自己留些余地

"生活最大的乐趣,是给自己留些余地。人生最大的财富,是给自己一点时间。"这句话用来描述现代入的生活感受,是最合适不过的了。

走在大街上,满是行色匆匆的人们,夹着公文包,电话一个接一个,天天应酬不断……不知道从什么时候开始,人们加快了生活的步伐。按理说生活好了,更应该悠闲地享受生活才对,更应该有足够的时间做自己想做的事,更应该有时间和家人在一起享受天伦之乐、和亲密好友在一起喝茶、聊天才对,可为什么生活变得富裕了,人们的时间越来越少的可怜了呢? 难道一切都为了工作吗? 活着不只是为了工作,为了赚钱。

一个欧洲观光团来到非洲一个叫亚米亚尼的原始部落。部落里有位穿着白袍盘着腿安静地坐在一棵菩提树下做草编的年轻人。草编非常精致,它吸引了一位法国商人。他想:要是将这些草编运到法国,巴黎的女人戴着这种小圆帽和挎着这种草编的花篮,将是多么时尚多么风情啊! 想到这里,商人激动地问:"这些草编多少钱一件?"

"10 比索。"年轻人微笑着回答道。

天哪! 这会让我发大财的。商人欣喜若狂。

"假如我买 10 万顶草帽和 10 万个草篮,那你打算每一件优惠多少钱?"

"那样的话,就得要 20 比索一件。"

"什么?"商人简直不敢相信自己的耳朵! 他几乎大喊着问,"为什么?"

"为什么?"年轻人也生气了,"做 10 万件一模一样的草帽和 10 万个一模一样的草篮,它会让我乏味死的。"

工作固然很重要,但是只是生活的一部分。不断地忙碌、奔波常常让我们感慨生活很苦,过得很累,难道物质的丰足、名利的高低能衡量幸福? 真正能让我们感到幸福的，又何尝不是当下那份实实在在的拥有，比如忙中偷闲的一杯茶，苦中作乐的两杯酒。

给自己留一些时间。一个人如果总是不闲着，会使周转剧烈的情绪也随之紧张。如果感到累了，一定要休息；即使不累，为了爱惜自己也不妨躺下来放松一会儿。不如尝试给自己放个假，从今天起抛开工作，抛开繁杂的一切，只把时间留给自己。

相信，总有一令角落属于我们，可以用来安放疲惫忙碌的心灵；总有一些时刻属于我们，可以用来换算触手可及的幸福。

孟奇通过自己的努力和勤奋，终于成了人人都羡慕的大企业家。这些年他没日没夜的工作，甚至连自己的妻儿父母都很少看一眼。当他达到事业的巅峰时突然觉得人生无趣，因为他的周围总是人声喧哗，耳边充斥着噪音，忍受着繁忙的工作，家庭琐事无穷地折磨，每天的精神都绷得紧紧的。这种生活让他得不到一丝喘息的机会，于是他来到一座寺庙向大师请教。

大师告诉孟奇，"鱼无法在陆地上生存，你也无法在世界的束缚中生活；正如鱼儿必须回到大海，你也必须回归安宁心态。"

孟奇无奈地回答："难道我必须放弃一切的事业，远离尘世到这里来吗？"

大师说："不！你可以继续你的事业，但同时也要回到你的心灵深处。当回到内心世界时，你会在那里找到祈求已久的平安。除了追求生活的目标外，生命的意义更值得追寻。"

我们总是处于人群之中，在喧闹的人群里你听不见自己的脚步声。远离生活，能让我们重新认识到自我存在。当然，对于有工作又有家庭的人来说，想独处的时间并不多也很不容易。你可以和家人、朋友进行交流，向他们说明情况，征求他们的意见。那些关心你的人，一定会给予你谅解和支持。从沉重的生活压力中解脱出来，你能心境平和地处理工作，对待家人、朋友，这将增进你们之间的感情。放下，什么事情也不干，可不像听上去那么简单。

你要留一些时间给自己，什么事情也不做。这样坚持下去，渐渐你就会发现你整个人都轻松多了，干起活来也不再像以前那样手忙脚乱，你可以很从容地处理各种事务，不再有逼迫感。你的生活也会得到很大的改善，把你从杂乱无章的感觉中解救出来，让你的头脑得到彻底净化。

留些时间给自己,有助于减轻快节奏生活造成的压力,带给你安详平和的心境。我们可以工作,但工作不是一切,也并不是说工作不重要,或是觉得与家人在一起的时光没意思。而是这段时光对心灵有平衡与完善的作用。缺乏了这样的时间,你一定会成为一个背负太多的人,因此很容易变得暴躁易怒、沮丧不安,似乎失去了自我。所以为了避免这样的情形出现,你可以从今天开始与自己订约会。从生活中挑选一段固定的时间,某天的某一小时,或一周一次或一个月一次都可以,而且时间长短不拘,就算只是几个小时也可以,重点在它属于你一个人,完全归你的心支配。其次是当别人要跟你约定时间时,绝对不能轻易将这段神圣的时光牺牲了。要特别珍惜这样的时光,甚至比任何时光都重要。别担心,你绝不会因此而成了一个自私自利的人。相反的,当你再度感到生命是属于自己的时候,会更有能力去为别人着想。只有真正地获得自己所需时,你才能更轻易地满足别人的需要。

魔力悄悄话

大多数人在人生旅途中背负了太多的东西——许多东西其实是不必要的。尽可能丢弃那些无谓的问题及烦恼吧!放松心情,轻松一下,好好想一想。我们已经很好,无论在事业上或是生活上失利,都不必背负太多,要坚信:真正的光明并不是没有黑暗的时间,只是不被黑暗遮蔽罢了;真正的英雄并不是没有卑怯的时候,只是不向卑怯屈服罢了。

学会接受一切

一位著名的男高音歌唱家,30多岁的时候就已经非常出名,而且家有娇妻、孩子,似乎这一切都是上天给他的恩宠。

一次,演出结束后,歌唱家和妻子、儿子从剧场里走出来的时候,立刻就被早已等在外面的观众团团围住。人们兴奋地与歌唱家攀谈着,其中不乏赞美和羡慕之词。有的人恭维歌唱家年纪轻轻就开始走红,成为家喻户晓的人物;有的人恭维歌唱家有个好家庭,妻子美丽大方,孩子又是个活泼可爱、脸上总带着微笑的男孩儿。

歌唱家认真地听着这些热心人们的赞美之词,并没有打断他们的议论,来表示自己的观点。等人们把话说完以后,他才和缓地说:"也许你们知道的只是一个方面,还有另外的一些事情你们不知道。被你们夸奖为活泼可爱、脸上总带着微笑的这个小男孩儿,是一个不会说话的哑巴;而且,他还有一个姐姐,是长年只能躺在床上的脑瘫患者,其实,你们夸大了我的成功,我也有不幸的一面。"

歌唱家的一席话使人们十分震惊,大家你看看我,我看看你,都被这个事实惊呆了,大家很难接受这个事实。这时,歌唱家又和缓地说:"这一切恐怕只能说明一个道理,那就是上帝对谁都是非常公平的。"

上帝给谁的都不会太多,没有一个人拥有的都是十全十美的。每个人都会缺少一些东西。有人才貌双全,情感路上却坎坷难行;有人夫妻恩爱、月收入达万元,却患有严重的不孕症;有人家财万贯,却子孙不孝。

如果你知道米契尔的话,那就一定知道他曾经就是一个不幸的人。

由于一次意外事故,烧坏了米契尔身上65%以上的皮肤,为此他动了16次手术。手术后,他无法拿叉子,无法拨电话,也无法一个人上厕所,简直就成了一个不能做任何事的人,但当过海军陆战队员的米契尔却从不认为他失去了人生,失去了快乐。

米契尔说:"我完全可以掌握我自己的人生之船,我可以选择,要把目前的状况看成倒退或是一个起点。"经过几个月的治疗,他又能开飞机了。他为自己又重新构想了以后的生活,在科罗拉多州买了一幢房子,另外还和两个朋友合资开了一家公司,专门生产以木材为燃料的炉子,这家公司后来发展成了佛蒙特州第二大私人公司。

可是不幸好像爱和他开玩笑,在米契尔开办公司后的第四年,他再次因飞机在起飞时摔回跑道,把他的十二条脊椎骨压得粉碎,腰部以下永远瘫痪。他抱怨道:"我不解的是为何这些事老是发生在我身上,我到底是造了什么孽?要遭到这样的报应?"

可是这件事同样也没有把米契尔打倒,他仍选择不屈不挠,丝毫不放弃,总是想要自己能够做到自理。后来,他被选为科罗拉多州孤峰顶镇的镇长,致力于保护小镇的美景及环境不被破坏,使其成为一个风景胜地。米契尔后来凭借着一句"不只是一张小白脸"的口号参加国会议员的竞选,并将自己难看的脸转化成一项有利的资产。

米契尔在自己受到了两次打击后,依然笑对生活,并取得了成功,虽然面貌骇人、行动不便,他还坠入了爱河,并且完成了终身大事,也拿到了公共行政硕士证书,并一直坚持他的飞行活动、环保运动及公共演说。

米契尔说:"我瘫痪之前可以做一万件事,现在我只能做九千件,我可以把注意力放在我无法再做的一千件事上,或是把目光放在我还能做的九千件事上,告诉大家说我的人生曾遭受过两次重大的挫折,如果我不把挫折拿来当成放弃努力的借口,那么你们也可以用一个新的角度,来看待一些一直让你们裹足不前的事情。你可以退一步,想开一点,然后你就有机会说:'或许那也没什么大不了的。'"

战国时期,道家学派的代表庄子曾经用一个故事教育过他的门生,他说:有一个叫支离疏的人,脸部隐藏在肚脐下,肩膀比头顶高,颈后的发髻朝天,五脏的血管向上,两条大腿和胸旁肋骨相并,替人家缝洗衣服,他足可生存下来;替人家簸米筛糠,他足可养十口人;政府征兵时,他摇摆游离于其间;政府征夫时,他因残疾而免劳役;政府放赈救济贫困时,他可以领到三斗米和十捆柴。

庄子最后的结论是：残缺也许是福。其实，事实就是这样，我们看到有些人过得很幸福可是他却未必快活，我们看到不幸的人可能在不幸中发现了幸福。与其过得幸福而不快活，倒不如不幸福而过的快活；与其在幸福中痛苦着，还不如在痛苦中找到幸福。生活中我们会碰到许多人在埋怨自己的生活不如意，不舒心。其实，我们应该冷眼看不幸，这样做并不代表不幸已消失，但可以使因此而烦乱的心宁静些，让你在比较中得到一份心灵的慰藉。

法国一位著名作家向他的读者说过："这辈子所结交的达官显贵不知多少，他们的功绩实在都令人羡慕，但深究其里，每个人都有一本难念的经，甚至苦不堪言。"如果你拥有平衡的心态，你就拥有了你辉煌的人生。当你体会到了这一点，你就不会为你所欠缺的那一小部分而和别人做无谓的比较，反而会更加用心的珍惜自己所拥有的一切。

如果折断了一条腿，你就应该感谢上帝不曾折断另一条腿；如果折断了另一条腿，你就应该感谢上帝没有折断脖子；如果折断了脖子，你就没有什么可再担忧的了。

所以，我们应该把不幸看作是我们进入另一种美丽的契机，是人生另一种意义上的丰富和充实。

魔力悄悄话

在现实中我们总认为别人的一切都是十全十美的，唯独自己成了上帝的弃儿，不能达到顺心满意，因此，我们总是对自己耿耿于怀，不能看到别人的不幸和痛苦。

欲望面前要适可而止

《孟子·离娄》中曾提到"禹稷、颜回同道"的观点，说："禹稷，当平世，三过其门而不入，孔子贤之。颜子当乱世，居于陋巷，一箪食，一瓢饮，颜子不改其乐，孔子贤之。"

孔子所称为"贤"的两种人中，包含了他的两大理想：立功与立德。立功就是推行仁道，造福天下，实现大同世界；立德则是建立一种乐天知足的强大精神境界，富贵贫贱始终如一。

人生的一切欲望，归纳起来是两种：精神欲望和物质欲望，为了满足这两种欲望，相应地就产生了两大追求：精神追求和物质追求。

庸人、小人常会把物质欲望当作人生的全部，所以没有多少精神追求。君子、贤人精神的欲望特别强烈，但是也不能没有物质欲望，所以他们得承受着两种欲望，他们比庸人、小人多承受一份根本的人生痛苦，只是他们最终能以精神欲望居于主导地位，达到一种具有伟大包涵力的心理和谐，这种有伟大包涵力的心理和谐，就是"安贫乐道"。

"雄文祖韩子，俭德饰陶公"中的陶潜就有过不为五斗米折腰的故事，这是一种"安贫乐道"的体现。

陶潜字渊明，年轻时就有高尚的志趣，他性情恬静不爱说话，不贪图荣华富贵。爱好读书，对字句有很深的研究，每当有心得体会，就会高兴的忘记吃饭。

陶渊明喜好喝酒，可是家境贫寒经常没有酒钱，亲戚朋友知道他的情形，有时准备了酒给他，他去后总是尽情地喝，希望高高兴兴的喝醉，醉了就退席，一点儿也不在意礼节。

家中空有四壁，不能遮风避雨，身上粗布短衣，破烂不堪，家中经常缺吃少喝，他却安然自得，常写些文章自寻乐趣，以展示自己的志向，从不把得失放在心上。

陶渊明第一次入仕，当了一个州的祭酒，可是他受不了官场的束缚，没几天，就自动离职回家了，州里招募他做主簿，他也不去。他只是亲自耕种供给自家生活。

第二次，他做了彭泽县令，他吩咐属下在官府的田里全都种上秫稻，可是妻子却坚持种粳稻，于是他就一半种秫稻，一半种粳稻。郡守派督邮到彭泽县来，县中小吏告诉他应当整冠束带，衣帽整齐地去拜见。陶渊明长叹一声说："我不能为五斗米的薪俸弯腰拜迎乡里小人。"当即他解下印绶离职而去。

贪财贪名是争名夺利的根源，陶渊明淡泊名利、法度自然的心性，不为五斗米折腰的气度早已传为佳话，虽有人生的无奈和悲哀，但"采菊东篱下，悠然见南山。"的生活情趣却是自然恬适。

《渔夫和金鱼的故事》在小学课本里就学过，那个渔夫的老婆是个贪得无厌、得陇望蜀的家伙，她得到金鱼后，还朝思暮想。结果，金鱼在愤怒和厌恶之余，收回了一切，渔夫的老婆只能生活在往日的贫困之中。

要做到不戚戚于贫贱，不汲汲于富贵，就要具不贪之心。要懂得播种一分收获一分的道理，不要强求，不要希图意外的惊喜。

《一千零一夜》中阿里巴巴的哥哥西木进了四十大盗的藏宝洞，欣喜若狂，挟宝不已，忘了回家，致使强盗回来，丢失了性命。

孔子同："不义而富且贵，于我如浮云。"天下人熙熙攘攘皆为利而来，此心不可免，但是要去贫贱、求富贵，必须以是否符合"义"为前提，"不以其道得之，不处也"，"不以其道得之，不去也。"不能嗜欲太过，乃至不顾一切，甚至以不正当的手段去谋求富贵。

一个人所具有的价值，只要它确实存在，就不会因穿着华服而有所改变，关键在于有自持之态。

陶渊明荷锄自种，嵇叔夜树下锻炼，均为贫介之士，但他们的精神却万古流芳。君不闻自古以来就有"窃钩者诛，窃国者侯"的史笔？故古人曰："达亦不足贵，穷亦不足悲。""人不可以苟富贵，亦不可以徒贫贱。"这对于我们如何取值生活，的确是足资凭借的箴言。

其实,在古人眼里,"富贵"两字,是人人都可以做到的,"不取于人谓之富,不屈于人谓之贵",白衣草鞋,自有一股飘逸清雅的仙气,粗茶淡饭,自有一份闲适自在的意趣。

"富贵"对于一个贪得无厌的人,就是给他金银还会怨恨没有得到珠宝,吃着碗里的还要看着锅里的,这种人虽然身居豪富权贵之位却等于自愿沦为乞丐;一个自知满足的人,即使吃粗食野菜也比吃山珍海味还要香甜,穿粗衣棉袍也比穿狐袍貂裘还要温暖,这种人虽然身为平民,实际上比王公更快乐。

英国著名作家狄更斯说:**"穷人对家庭的依恋是有一个更高尚的根,深深地扎在一块纯洁的土地里面。他的财神由血和肉造成,没有掺杂上金银或者宝石;他没有什么财产,只有藏在内心的感情……"**

有一个有钱人,每天早上经过一个豆腐坊时,都能听到屋里传出愉快的歌声。

这天,他忍不住走入豆腐坊,看到这对小夫妻正在辛勤劳作。富人大发恻隐之心说:"你们这样辛苦。只能唱歌消闷,我愿意帮助你们,让你们过上真正快乐的生活。"说完,放下了一大笔钱走了,这天夜里,富人躺在床上想:"这对小夫妇再也不用辛辛苦苦做豆腐了,他们的歌声会更响亮的。"

第二天一早,富人又经过豆腐坊,却没有听到小夫妻俩的歌声。他想:他们可能激动得一夜没睡好,今天要睡懒觉了。

但第二天、第三天,还是没有歌声。富人好奇怪。

就在这时,那做豆腐的男人出来了,拿着那些钱,见了富人,便急忙说道:"先生,我正要去找你,还你的钱。"

富人问:"为什么?"

年轻的豆腐师傅说:"在没有这些钱时,我们每天做豆腐卖,虽然辛苦,但心里非常踏实。自从拿了这一大笔钱,我和妻子反而不知如何是好了——我们还要做豆腐吗?不做豆腐,那我们的快乐在哪里呢?如果还做豆腐,我们就能养活自己,要这么多钱做什么呢?放在屋里,又怕它丢了;做大买卖,我们又没有那个能力和兴趣。所以还是还给你吧!"

富人非常不理解,但还是收回了钱。第二天,当他再次经过豆腐坊时,听到里边又传出了小夫妻俩的歌声。

也许这个故事并不适合追逐财富、权贵之人的口味,有人会说钱多还不好吗?没有人听说过钱多会咬手的——但事实是"钱多"确实是会"咬到你的手"。当然,并不是要你不去拥有财富,而是要你用一个积极的心态去面对财富。

魔力悄悄话

欲望永远没有尽头,而保持一颗知足常乐的心态,珍惜现在所拥有的,你会发现其实你是世界上最富有的人。